我最想织的
手工毛衣

Wo Zuixiang Zhide
Shougong Maoyi

王娟　主编

U0342815

辽宁科学技术出版社

· 沈阳 ·

本书编委会

主　编　王　娟

编　委　谭阳春　贺　丹　罗　超　贺梦瑶　李玉栋

图书在版编目（CIP）数据

我最想织的手工毛衣 / 王娟主编. -- 沈阳：辽宁科学技术出版社，2012.9

　ISBN 978-7-5381-7613-1

　Ⅰ. ①我… Ⅱ. ①王… Ⅲ. ①棒针—女服—毛衣—编织—图解 Ⅳ. ① TS941.763.2-64

　中国版本图书馆 CIP 数据核字（2012）第 176907 号

如有图书质量问题，请电话联系
湖南攀辰图书发行有限公司
地址：长沙市车站北路 236 号芙蓉国土局 B 栋 1401 室
邮编：410000
网址：www.penqen.cn
电话：0731-82276692　82276693

出版发行：辽宁科学技术出版社
　　　　　（地址：沈阳市和平区十一纬路 29 号　邮编：110003）
印 刷 者：湖南新华精品印务有限公司
经 销 者：各地新华书店
幅面尺寸：210mm × 285mm
印　　张：11.5
字　　数：150 千字
出版时间：2012 年 9 月第 1 版
印刷时间：2012 年 9 月第 1 次印刷
责任编辑：李春艳　攀　辰
摄　　影：方　为　龙　斌
封面设计：多米诺设计·咨询　吴颖辉　黄凯妮
版式设计：攀辰图书
责任校对：合　力

书　　号：ISBN 978-7-5381-7613-1
定　　价：29.80 元
联系电话：024-23284376
邮购热线：024-23284502
淘宝商城：http://lkjcbs.tmall.com
E-mail：lnkjc@126.com
http://www.lnkj.com.cn
本书网址：www.lnkj.cn/uri.sh/7613

CONTENTS 目 录

扭纹长袖外套

扭纹元素的融入，使毛衣凸显出精良的前卫艺术视觉设计效果，开襟设计，整体感觉更加优雅时尚。

编织图解：P089 ~ P090

编织图解：P090 ~ P091

时尚格子外套

潮流时尚的款式设计，精致的编织手法将一个个小方格拼凑得精美别致，让这款衣服有着与众不同的风格。

编织图解：P092

飘逸披肩开衫

此款开衫简约、百搭，自然顺垂的领形，简约而有气场，开襟的下摆十分飘逸，柔软舒适的毛线呈现出随意的上身效果。

编织图解：*P093*

艳丽时髦外套

艳丽的色彩，彰显出极致的冷峻时髦感。

编织图解：P094

淡雅套头毛衣

清新淡雅的颜色，别致的花纹设计，
给人亲切自然的感觉。

编织图解：*P095 ~ P096*

白色气质外套

　　淡雅的白色给人纯净的美感，别致的花纹典雅大气，袖口和领边绒毛的搭配时尚性感，整款毛衣端庄又不失活力。

优雅修身毛衣

淡雅的色调，简洁的花纹，柔软舒适的毛线，演绎出女性特有的温柔性情，此款毛衣可以随意搭配外套或者单穿。

编织图解：P097

轻柔舒适的毛线，细密轻暖
且色彩亮丽，编织出清新甜美感。

编织图解：*P098*

淑女圆领装

淑女范的橘色长袖毛衣给人一种温暖
的感觉，圆领的设计，凸显优雅气质。

编织图解：*P099*

质朴高领装

　　素雅的颜色质朴大方，加宽罗纹的下摆凸显出迷人曲线。

编织图解：P100

活力时尚背心

大气的花纹设计旨在透出女性的轻盈身姿和精致线条，使穿着者性感与柔美并存。

编织图解：P101

清新圆领毛衣

此款毛衣精致的花纹和淡雅的色彩，
十分讨人喜爱。

编织图解：P102

绿色原野开襟衫

　　淡淡的绿色毛线，温馨而舒适，穿在身上好似飞奔于绿色原野，生气勃勃。虽然此款衣服没有过多的花纹设计，但却用简单的小条纹花样衬托出别致的美，口袋的设计既点缀了此衣的时尚感，又增加了实用性。

编织图解：*P103 ～ P104*

时尚淑女小外套

　　精致和秀气是这款外套的主题，衣身短小而别致，用扭花纹做点缀，镶嵌三枚大大的纽扣，既大气优雅，又实用美观。袖口编织的长罗纹花样和大翻领的设计风格，让这款衣服显得高贵典雅，不失都市丽人的冬日风采！

编织图解：*P105 ~ P106*

红色梦幻花纹外套

经典的红色给人欢悦与朝气的感觉，毛线选用厚实而舒适的线材，领口采用开领的设计，点缀的几枚纽扣，既美观又实用，衣身和袖子采用麻花纹的花样设计，同时用镂空花样作为点缀，将此衣服打造得端庄大气。

编织图解：P106 ～ P107

白色气质毛衣

淡雅的白色给人纯净的美感，此款毛衣立体感十足，气质修身。

清纯麻花纹小开衫

无论是花纹的设计，还是身片的编织，无处不体现着编织者大气的编织手法，搭配开衫的设计风格，将这款衣服打造得大气磅礴。

编织图解：P107 ～ P108

编织图解：P109

甜美套头装

　　淡淡的粉色、秀气的圆领和凹凸的花纹设计，将简约与动感完美结合。衣领与袖口下侧波浪式的花纹给这款动感甜美型的毛衣增添了靓丽的元素，是冬季白雪公主们喜爱的款式之一。

编织图解：*P110*

简约 V 领连衣裙

　　朴实简约的设计风格，清纯的色调，穿出都市丽人甜美绚丽的英姿。不彰显奢华却饱含唯美，正因为简单，所以才时尚。

编织图解：P111

黑色经典麻花纹外套

神秘的黑色不仅是高贵典雅的象征，而且是都市丽人着装的经典搭配色调，用厚实的毛线编织的大麻花纹的花样，凸显出与众不同的美。

编织图解：P112

青春靓丽开衫

简约可爱风格的开衫，可爱的纽扣带来独有的恬静感，靓丽的色彩展示出女孩的青春活泼感。

编织图解：P113

高雅开襟衫

修身的线条设计，增添几分时尚气息。

编织图解：*P114*

休闲背心裙

高腰的设计衬托出纤细的腰线，
胸前的花纹给人乖巧活泼的感觉。

编织图解：P115

素雅 V 领无袖衫

简单的款式，点缀上简单的饰花，时尚
富有个性。

编织图解：P116

清纯翻领装

  大大的麻花纹编织在衣身上，增添了它的魅力与时尚感；小小的球状花样镶嵌在衣袖与衣身上，更是锦上添花。此款衣服大气而舒适，让冬季的你风采依然！

编织图解：P117 ～ P118

温馨舒适连帽装

　　乳白色的毛线，厚实而舒适的线质，给你百般呵护，前片波浪式的花纹设计与开襟处横条纹设计的完美结合，是流线美与端庄美的又一次碰撞，大气而舒适的帽子更是给冬季的你带来丝丝暖意。

大麻花纹 V 领套头装

精致的大麻花纹相互交织，将此款衣服编织得大气而温馨，简单而宽松的 V 领设计，更是风采迷人。

编织图解：P119

编织图解：P120 ～ P121

活力长袖装

富有质感的花纹和活泼的色调让毛衣
活力十足。

编织图解：*P121 ～ P122*

恬静高领毛衣

　　柔软舒适的深色毛线搭配精细的扭花纹，恬静不失端庄大方，高领的设计保暖且高雅。

编织图解：P122 ～ P123

都市丽人装

后身两条大的麻花纹花样点缀出此款大衣的时尚与大气，前身开领设计与大花纹花样完美结合，装扮出冬日女性不一样的卓越风姿，是一款冬季不可或缺的佳品。

编织图解: P124

中性长袖装

多个菱形纹的花样交错结合富有动感，整件衣服选用灰色毛线，体现了一种中性风尚。

编织图解：*P125*

宽松舒适装

宽松舒适的款式给人轻松的感觉，让你走在人群中拥有不一样的自信。

编织图解：P126

简约动感格子衫

简单的款式设计，宽大舒适的风格，相互交错的格子花纹，展示出女性的青春靓丽。

编织图解：P127 ～ P128

高贵丽人连帽大衣

粗密厚实的线材，高贵典雅的款式，既给你带来百般温情呵护，又给你增添了时尚的气质。大气的花纹设计，经典的牛角纽扣的装饰，真是动感迷人！

编织图解：*P129*

休闲蝙蝠衫

　　宽松的款式凸显出柔美的女人味，柔软舒适的毛线，穿着贴心舒适。

编织图解：P130

白色镂空衫

突显清纯气质的白色镂空衫能很
好地展示出女性纯净、柔美的气质。

编织图解：P131

清新活泼开衫

袖口和衣襟精致的花纹设计提升了开衫的造型感，短装的设计修饰身材比例。

编织图解：P132

素雅圆领衫

素雅的色调，镂空的花纹设计，穿起来自然随意。

编织图解：*P133*

唯美短袖长裙

贴身的设计能更好地展示女性身体曲
线美，圆形领口更添一份淑女魅力。

编织图解：P134

艳丽网眼装

网眼的花样设计，整体看上去非常独特。

编织图解：P135

亮丽镂空衫

亮丽的颜色，镂空的设计，增加了开衫的韵味。

编织图解：*P136*

气质优雅开衫

粉嫩的色调，特别的花纹，为开衫增添了优雅味道，口袋的设计使开衫更加可爱迷人。

编织图解：P137

柔美中袖开衫

经典的纯色，简洁的款式，细密的针法，凸显女性的柔美气息。

红色短袖毛衣

独特的花纹设计提升了造型感，使毛衣充满朝气。

编织图解：P138

编织图解：*P139*

俏皮短袖衫

粉嫩的颜色，富有质感的
麻花纹，短袖的设计凸显女性
的靓丽俏皮。

编织图解：**P140**

白色无袖连帽衫

门襟牛角纽扣，大气的帽子，长款无袖的设计，散发出个性魅力。

编织图解：P141

麻花纹连帽披肩

俏皮的麻花纹将浪漫装饰在披肩之上，连帽的设计让披肩更加保暖。

编织图解：*P142*

精致气质开衫

宽松的下摆和袖口设计，打破平庸，富有新意，明亮的色彩，提升了开衫的亮度。

编织图解：P143

个性妩媚开衫

别具一格的花纹和独特的衣襟下摆十分富有个性，绽放出女性妩媚韵味。

编织图解：P144 ~ P145

温暖圆领短装

此款毛衣手感舒适柔顺，穿着温暖，大气的麻花纹设计是这款毛衣的最大亮点，短装的设计拉长身材比例，提升整体效果。

编织图解：*P145 ～ P146*

优雅翻领外套

衣襟麻花纹设计，给毛衣增添了优雅的气息，翻领的款式使毛衣更显优雅时尚。

编织图解：P147

长款开襟毛衣

漂亮的开襟设计是这款毛衣最大的看点，宽大的帽子和宽松的下摆设计，增加了毛衣的时尚感和女性韵味。

编织图解：P148

高雅短袖开衫

此款开衫用经典的双排扣和扭纹设计，高雅大方。

编织图解：P149

镂空中袖开衫

镂空的花纹设计十分精致，V领的设计凸显出颈部线条。

编织图解：*P150*

浪漫气质披肩

简洁的款式搭配起来自由随意，细腻而又简单的线条诠释出女人的浪漫气质。

058

编织图解：P151

休闲舒适套装

　　纯黑色的开衫和短裤的穿搭轻松自在，木质纽扣的点缀使开衫不显单调，裤腿罗纹收脚增添了柔美的小女人味。

编织图解：*P152*

素雅风情披肩

此款披肩汇聚优雅情愫，将女性魅力发挥到极致，可以百搭百变，营造多样风情。

编织图解：P153

温馨长袖装

此款毛衣毛线细密，针织柔软，穿着十分舒适，素雅的颜色配上漂亮的花纹，充满温馨感。

编织图解：P154

时尚纯色装

独特花纹设计彰显独特气质，散发出
女性时尚的一面。

编织图解：P155

甜美小外套

洁白的颜色，配上花朵小纽扣，
纯真甜美的气息扑面而来。

编织图解：*P156*

俏丽女人装

亮丽的色彩，独特的纽扣设计，让你活
力与魅力同在。

编织图解：P157

魅力小外套

宽大的衣领设计，随意中不失女性的端
庄和妩媚，雅致不落俗套。

编织图解：P158

高贵大气披肩

优雅的色调，时尚大气的设计，温暖迷人的大领，尽显高贵端庄的气质。

编织图解：*P159*

个性小外套

这件小外套，简练大方，洁净明快，
又有女人的味道。

编织图解：P160 ～ P161

休闲长款外套

休闲的长款外套穿上去感觉舒适轻松，连帽的设计，进一步体现休闲舒适之感。

编织图解：P161 ～ P162

知性长款毛衣

沉静的深绿色，透着内敛优雅，知性
的女性形象映入眼帘。

069

编织图解：*P163*

大气扭纹长款毛衫

　　洁净亮眼的粉红色，十分甜美，大气随意的扭纹款式，丰富了毛衣的内容，让整件毛衣富有动感。

编织图解：*P164 ～ P165*

田园长款毛衣

草绿的颜色，充满浪漫的田园气息，
站在花丛中，分外妖娆。

编织图解：*P165 ～ P166*

知性圆领毛衣

端庄舒适的款式，穿在身上大方得体，
给人以知性女性的形象。

编织图解：P167

精致小短装

花纹镂空的小开衫，甜美精巧，转身之时，优雅绽放。

编织图解：*P168*

风情小开衫

充满风韵味道的开衫，花边的袖口显
出女性特有的那份温婉情怀。

编织图解：*P169 ~ P170*

白色清新装

上身的花纹设计，呈现立体感，洁白的色彩，映衬出皮肤的白皙，诠释出脱俗、清新的气质。

编织图解：P170 ~ P171

红色性感毛衣

颇具魅力的红色，简直具有神奇魔力，
让你看起来如此明艳动人。

编织图解：*P171 ～ P172*

妩媚长款毛衣

素雅妩媚，大方得体的款式，这个冬天，你依然美丽动人。

编织图解：P173

美丽深色毛衣

宽松休闲的款型，口袋和帽子的点缀，
再配上甜甜的笑容，此时这边风景独好。

编织图解：P174

时髦蝙蝠毛衣

动感的花纹，蝙蝠装的款式，这款毛衣
将您打扮得分外时髦。

编织图解：P175

窈窕系带毛衣

粉红色仿佛带来一阵柔和的春风，让
人心情明媚舒畅，后背的系带，也能彰显
女性迷人身材。

编织图解：*P176*

优雅高领装

款式简单大方，条纹的设计十分优雅，
尽显自然纯净的美感。

编织图解：*P177*

优雅黑色装

经典的黑色，显得女性成熟稳重大方，
可爱的袖子却又透出一丝女性的柔情。

编织图解：*P178*

清爽拉链装

　　清爽淡雅的颜色，活泼的设计款式，让你看起来亲切可爱。

编织图解：P179

简约舒适装

优雅的高领，修饰颈部线条，女人味
出众。

编织图解：*P180*

黑色气质衫

　　黑色的花纹设计将不朽的流行和
低调的华丽相结合，诱惑至极。

编织图解：P181

V领修身毛衣

简洁的款式，修身的设计，能很好的
修饰身材曲线。

编织图解：P182

经典深色装

深棕色融合现代的时尚元素，让你在举手投足间，彰显高贵与成熟。

编织图解：P183

甜美小短装

粉嫩的颜色衬托出你白皙的皮肤，使你显得十分甜美，穿上此款毛衣的你，也成了记忆中那个甜美女孩。

扭纹长袖外套

【成品尺寸】 衣长 54cm　胸围 92cm　袖长 52cm

【工具】 7 号棒针　绣花针

【材料】 米色粗毛线 650g

【密度】 10cm² : 21 针 ×24 行

【制作过程】

1. 先织身体部分，两前片和后片连在一起织，用 7 号棒针起 194 针，织 2 行上针后，换织花样，不加不减织至 32.5cm 时，前后片两侧各一次性平收 9 针，如图，其余针数别线穿上待用。

2. 袖片:用 7 号棒针起 66 针，织 2 行上针后，换织花样，每 6 行减 1 针减 4 次，织 10cm 后，进行袖下加针，每 6 行加 1 针加 8 次，如图小，织 20.3cm 到腋下，中间留 56 针，两侧各平收 9 针，用相同的方法织好另外一只袖子。

3. 分别合并侧缝线和袖下线，并缝合袖子。

4. 育克:用 7 号棒针分别挑起前后片和袖片留下的针数，按育克花样图编织，边织边均匀减针，织到 21.5cm，收针，断线。

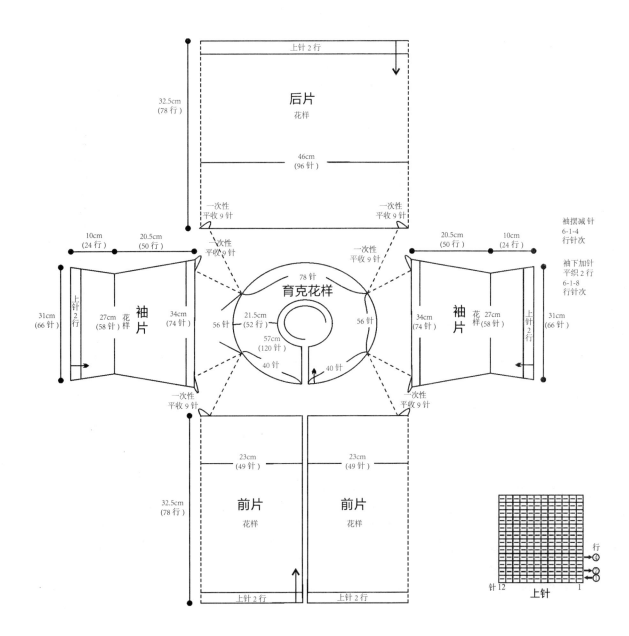

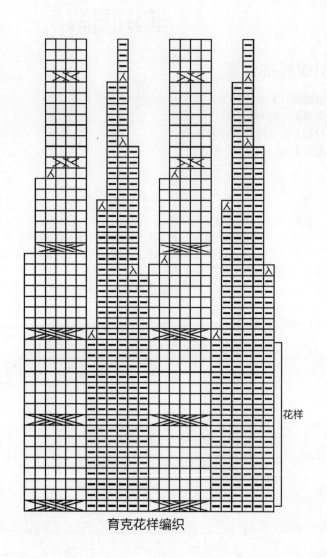

花样

育克花样编织

时尚格子外套

【成品尺寸】衣长 60cm　胸围 88cm　袖长 58cm
【工具】11 号棒针　3mm 钩针
【材料】暗红色中粗棉线 650g
【密度】10cm² ：21 针 ×22 行

【制作过程】

1. 后片：起 92 针，按花样 A 编织 35cm。按双罗纹、花样 B、花样 B、双罗纹的顺序编织 7cm 开袖窿，减针如图，继续往上织 18cm 后收针。

2. 前片：起 45 针，按花样 A 编织 35cm。如图按花样 B、双罗纹的顺序编织 7cm 后袖窿，继续织 10cm，往上开前领，继续织 8cm 后收针。对称织出另一片。

3. 袖片：起 51 针，按花样 A 编织并同时加针织 45cm。往上织袖山，按袖山减针编织，织 13cm 后收针，用相同方法织出另一片。

4. 门襟：起 12 针，按花样 C 编织 52cm 后收针，用相同方法织出另一条。

5. 挑领：如图共挑 80 针，先织 4 行花样 A，再织 2 行上针。

6. 缝合：将两片前片和后片相缝合；两片袖片袖下缝合；袖片与身片相缝合。

7. 系带：用 3mm 钩针锁针法钩两条长度相当的系带。

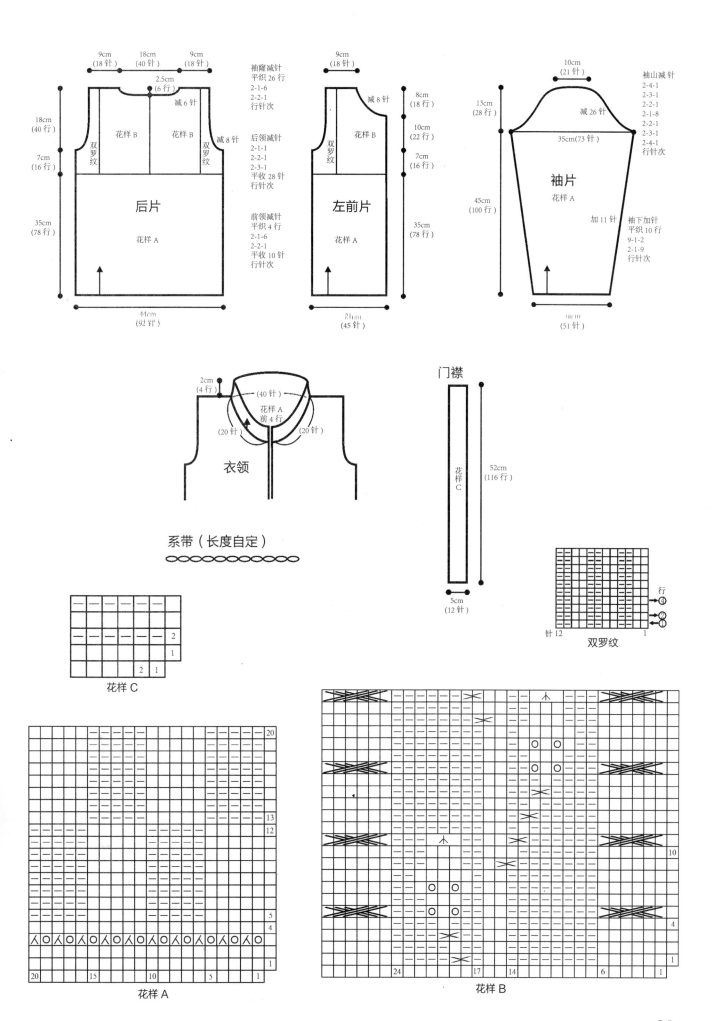

9cm
(18针)

18cm
(40针)

9cm
(18针)

2.5cm
(6行)

袖窿减针
平织 26 行
2-1-6
2-2-1
行针次

减 6 针

18cm
(40行)

花样 B

花样 B

减 8 针

7cm
(16行)

双罗纹

双罗纹

后领减针
2-1-1
2-2-1
2-3-1
平收 28 针
行针次

后片

35cm
(78行)

花样 A

前领减针
平织 4 行
2-1-6
2-2-1
平收 10 针
行针次

44cm
(92针)

9cm
(18针)

8cm
(18行)

减 8 针

左前片

10cm
(22行)

花样 B

双罗纹

7cm
(16行)

35cm
(78行)

花样 A

21cm
(45针)

10cm
(21针)

袖山减针
2-4-1
2-3-1
2-2-1
2-1-8
2-2-1
2-3-1
2-4-1
行针次

13cm
(28行)

减 26 针

35cm(73针)

45cm
(100行)

袖片

花样 A

加 11 针

袖下加针
平织 10 行
9-1-2
2-1-9
行针次

21cm
(51针)

2cm
(4行)

(40针)

花样 A
前 4 行

(20针)

(20针)

衣领

门襟

花样
C

52cm
(116行)

5cm
(12针)

系带（长度自定）

行
④
②
①

针 12   1

双罗纹

花样 C

2
1

2 1

20

13
12

5
4

1

20   15   10   5   1

花样 A

10

4

1

24   17   14   6   1

花样 B

飘逸披肩开衫

【成品尺寸】衣长 72cm　胸围 104cm　袖长 58cm

【工具】9 号棒针　10 号棒针

【材料】白色毛线 700g

【密度】10cm² : 25 针 ×35 行

【制作过程】

1. 前片：用 10 号棒针起 180 针织双罗纹 10cm 后，换 9 号棒针往上织 10 针花样，170 针下针，织到 34cm 处，按图解收袖窿。

2. 后片：用 9 号棒针起 130 针，织 10 针花样，120 针下针，按图解放出左袖窿，继续织 40cm 后收出右袖窿。

3. 袖片：用 10 号棒针起 50 针，织双罗纹，按图解编织。

4. 用 10 号棒针按图解织领子，然后将前后片、袖片、领子缝合。

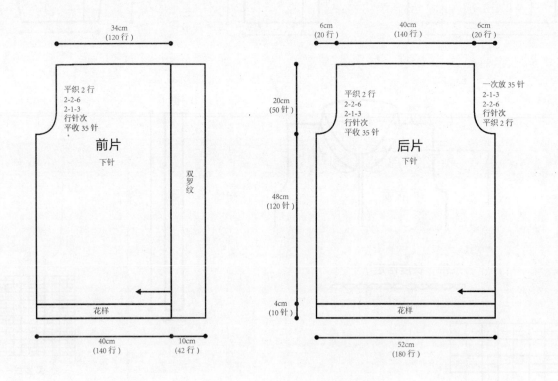

前片
下针

后片
下针

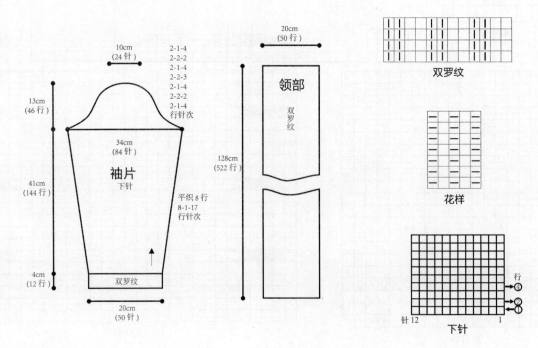

袖片
下针

领部
双罗纹

双罗纹

花样

下针

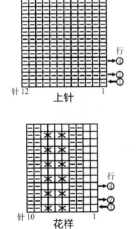

艳丽时髦外套

【成品尺寸】衣长 59cm　胸围 80cm　袖长 34cm

【工具】12 号棒针　绣花针

【材料】红色棉线 500g

【密度】10cm² : 27 针 ×32 行

【附件】纽扣 6 枚

【制作过程】

1. 后片：起 108 针，中间织 22 针花样，两侧余下针数织上针，织 37cm 的高度，两侧各平收 4 针，然后按 2-1-6 的方法减针织袖窿，继续往上编织至 58cm，中间平收 46 针，两侧按 2-1-2 的方法后领减针，最后两肩部各余下 19 针，后片共织 59cm 长。

2. 左前片：起 59 针，右侧织 16 针花样作为衣襟，左侧余下针数织上针，织 37cm 的高度，左侧平收 4 针，然后按 2-1-6 的方法减针织袖窿，同时右侧衣身部分按 4-1-14 的方法减针织成前领，衣襟不加减针，织至 59cm，最后肩部余下 35 针，左前片共织 59cm 长。

3. 右前片：与左前片编织方法相同，方向相反。

4. 袖片：起 84 针，中间织 22 针花样，两侧余下针数织上针，一边织一边两侧减针，方法为 8-1-9，织至 23cm 的高度，织片变成 66 针，两侧各平收 4 针，然后按 2-1-18 的方法减针织袖山，最后余下 22 针，袖片共织 34cm 长。

5. 领子：沿左襟顶端挑起 16 针，织花样，共织 18.5cm 的长度，与右襟顶端缝合。

6. 口袋：起 38 针织花样，共织 14cm 的高度，编织两片口袋片，缝合于左右前片图示位置。

7. 用绣花针缝上纽扣。

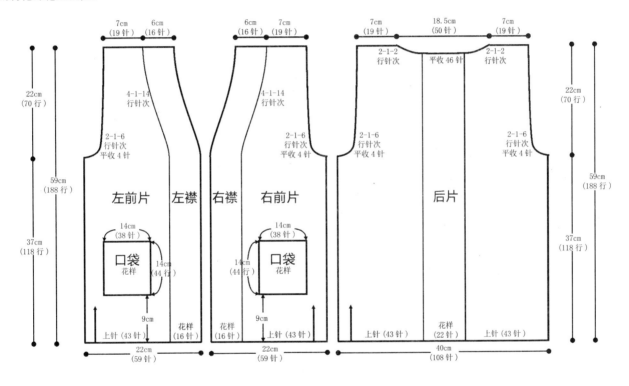

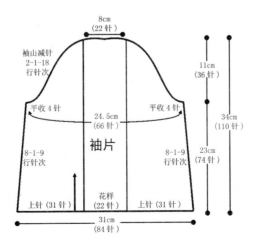

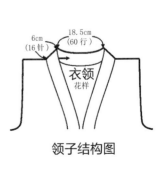

领子结构图

淡雅套头毛衣

【成品尺寸】衣长 64cm　胸围 96cm　袖长 54cm

【工具】9 号棒针

【材料】淡绿色羊毛线 500g

【密度】10cm² : 18 针 ×23 行

【制作过程】

1. 前片：按图示起 86 针，织 6cm 单罗纹后，改织全下针，侧缝不用加减针，织 29cm 时改织花样 B，再织 5cm 开始留袖窿，在两边同时各平收 5 针，然后按图示收成袖窿，并改织花样 A，同时留前领窝。

2. 后片：织法与前片一样，只是袖窿织 21cm，才留领窝。

3. 袖片：按图起 46 针，织 6cm 单罗纹后，改织全下针，袖下按图加针，织至 37cm 时两边同时平收 5 针，并按图收成袖山，用同样方法编织另一袖片。

4. 将前后片的肩、侧缝、袖片缝合。

5. 领圈挑 84 针，织 4cm 单罗纹，形成 V 领，完成。

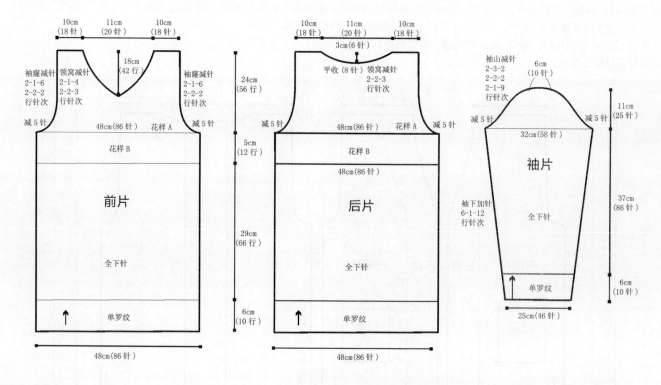

领子结构图

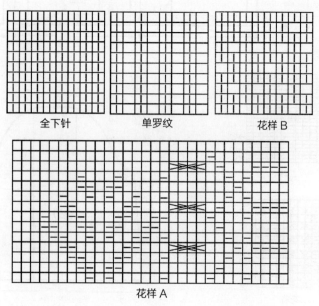

白色气质外套

【成品尺寸】衣长 50cm　胸围 84cm　袖长 50cm
【工具】10 号棒针　绣花针
【材料】白色棉线 900g　白色圈圈线少许
【密度】10cm² : 13 针 ×20 行
【附件】象牙扣 5 枚

【制作过程】

1. 圈圈线编织处说明：身片边缘、领与身片间隔处、领边缘、袖边缘、袖片花样 F 与 G 间隔处。
2. 后片：起 56 针，按前后片花样整体图说明编织 88 行后两边各留 2 针开袖窿。按袖窿减针方法减针，织 12 行后收针。
3. 前片：起 28 针，按前后片花样整体图说明编织 88 行后一边留 2 针后开袖窿，织 12 行后收针。对称织出另一片，花样见整体图说明。
4. 袖片：起 30 针，按花样 F 编织 16 行后，按袖下加针及花样 G 编织 72 行。往上织袖山，织 12 行后收针。用相同方法织出另一片。
5. 领：按衣领后片与袖及衣领前片与袖图，前片、领共挑 164 针，按花样 H、花样 I 编织，织 20 行花样 H 后收针织花样 I 20 行。
6. 衣扣方块：起 5 针，下针织 6 行，织 10 块作缝合在两片前片合适位置，用钉上象牙扣。

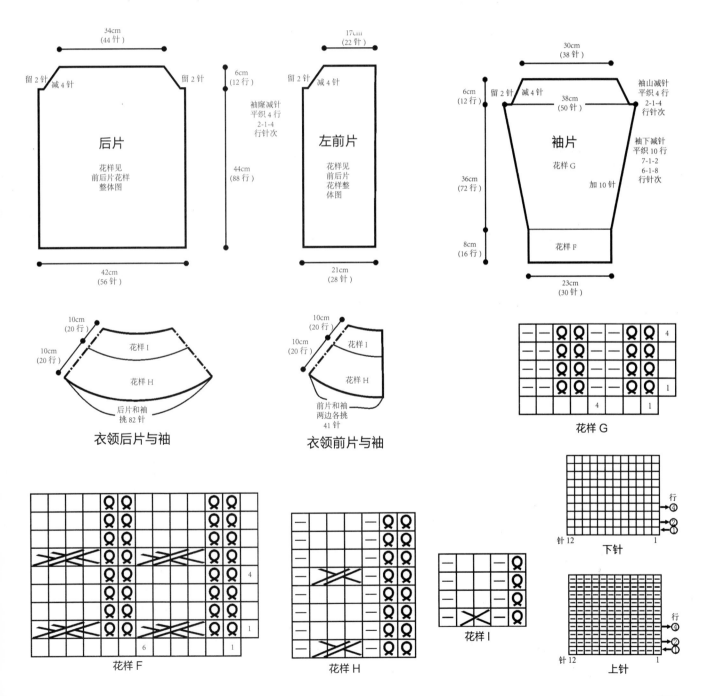

前后片花样整体图

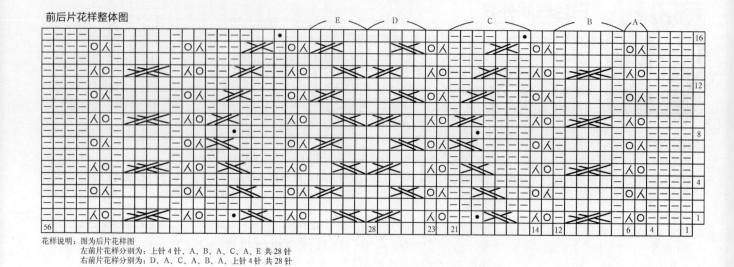

花样说明：图为后片花样图
左前片花样分别为：上针 4 针、A、B、A、C、A、E 共 28 针
右前片花样分别为：D、A、C、A、B、A、上针 4 针 共 28 针

优雅修身毛衣

【成品尺寸】衣长 60cm　胸围 88cm　袖长 62cm
【工具】7 号棒针　8 号棒针
【材料】淡蓝色毛线 600g
【密度】10cm² : 18 针 ×24 行

【制作过程】
1. 如结构图所示，前片、后片分别编织，袖片为左右两片。
2. 先织后片，用 8 号棒针和淡蓝色毛线起 80 针，织 4cm 双罗纹后，换 7 号棒针织下针，织 39cm 到腋下后，进行斜肩减针，减针方法如图，后领留 30 针，待用。
3. 前片：用淡蓝色毛线和 8 号棒针起 80 针，织 4cm 双罗纹后，换 7 号棒针编织花样，织 39cm 到腋下后，进行斜肩减针，减针方法如图，织到衣长最后的 13cm 时，开始领口减针，减针方法如图示。
4. 袖片：用 8 号棒针和淡蓝色毛线起 42 针，织 4cm 双罗纹后，换 7 号棒针织下针，织 41cm 到腋下后，进行斜肩减针，减针方法如图，肩留 14 针，待用，用同样的方法编织另一只袖子。
5. 分别合并侧缝线和袖下线，并缝合袖子。
6. 领：用 8 号棒针和淡蓝色毛线挑织双罗纹 4 行，收针完成。

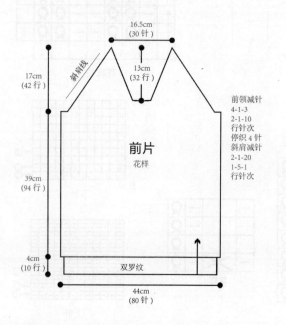

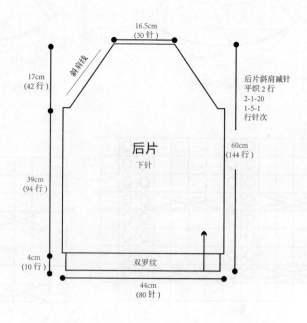

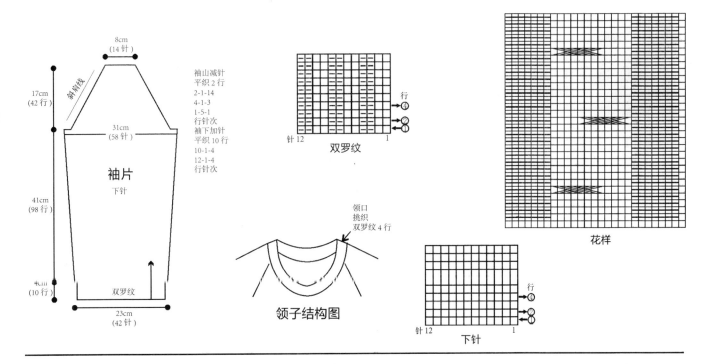

8cm
(14针)

17cm
(42行)

斜肩线

袖山减针
平织2行
2-1-14
4-1-3
1-5-1
行针次
袖下加针
平织10行
10-1-4
12-1-4
行针次

31cm
(58针)

袖片
下针

41cm
(98行)

4cm
(10行)

双罗纹

23cm
(42针)

针12   行
④
②
①
双罗纹

领口
挑织
双罗纹4行

领子结构图

针12   行
④
②
①
1
下针

花样

甜美套头衫

【成品尺寸】 衣长 60cm　胸围 96cm　袖长 40cm
【工具】 6 号棒针
【材料】 花式玻珠线 750g
【密度】 10cm^2：15 针 ×22 行

【制作过程】

1. 前片、后片分别编织，袖片为左右两片。按结构图先织后片，用 6 号棒针起 74 针，织下针，不加不减织 47cm 到领口，如图示，进行领口减针，织到最后 5cm 时，采用引退针法进行斜肩减针，肩留 23 针，待用。
2. 前片：织法与后片相同。
3. 袖片：用 6 号棒针起 33 针，织下针，袖下按图加针，织 40cm，收针断线。
4. 将前后片反面下针缝合，分别合并侧缝线和袖下线，并缝合袖子。

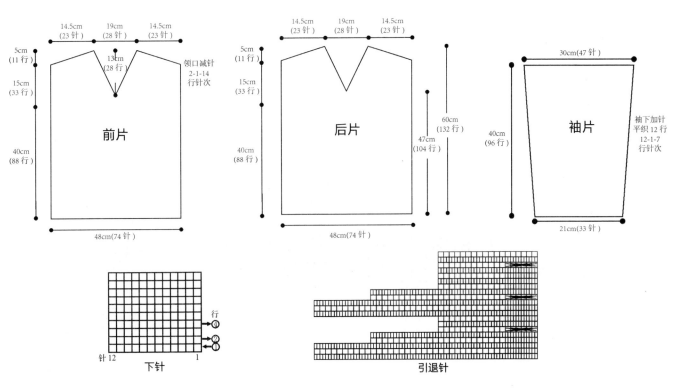

14.5cm
(23针)
19cm
(28针)
14.5cm
(23针)

5cm
(11行)

13cm
(28针)

领口减针
2-1-14
行针次

15cm
(33行)

前片

40cm
(88行)

48cm(74针)

14.5cm
(23针)
19cm
(28针)
14.5cm
(23针)

5cm
(11行)

15cm
(33行)

后片

40cm
(88行)

47cm
(104行)

60cm
(132行)

48cm(74针)

30cm(47针)

袖片

40cm
(96行)

袖下加针
平织12行
12-1-7
行针次

21cm(33针)

针12   行
④
②
①
下针

引退针

淑女圆领装

【成品尺寸】衣长 50cm　胸围 96cm　袖长 47cm
【工具】9 号棒针
【材料】橙色羊毛线 500g
【密度】$10cm^2$: 18 针 ×23 行

【制作过程】

1. 前片：按图示起 86 针，织 6cm 双罗纹后，改织全下针，在图示位置织花样，侧缝两边按图加减针，织至 26cm 时开始收袖窿，在两边同时各平收 5 针，然后按图示收成袖窿，再织 12cm 时留前领窝。

2. 后片：织法与前片一样，只是袖窿织至 15cm，才留领窝。

3. 袖片：按图起 46 针，织 10cm 双罗纹后，改织全下针，袖下按图加针，织至 26cm 时两边同时平收 5 针，并按图收成袖山，用同样方法编织另一袖片。

4. 将前后片的肩、侧缝、袖片缝合。

5. 领圈挑 60 针，织 3cm 双罗纹，形成圆领，完成。

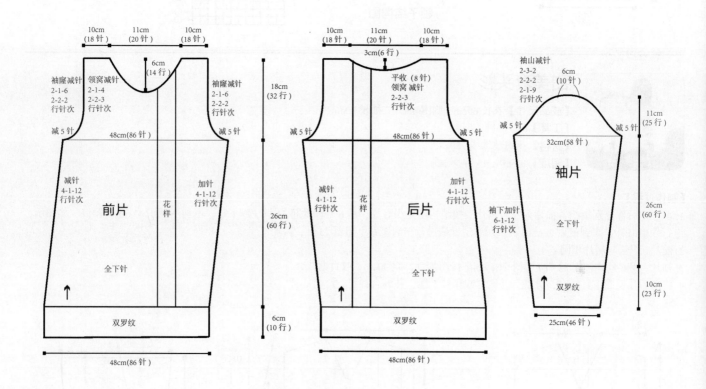

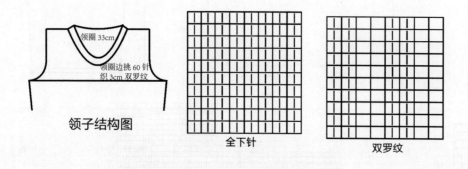

领子结构图　　全下针　　双罗纹

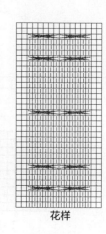

花样

质朴高领装

【成品尺寸】衣长 60cm　胸围 76cm　袖长 60cm
【工具】14 号棒针
【材料】杏色棉线 500g
【密度】10cm² : 40 针 × 48 行

【制作过程】

1. 前片：起 152 针，织双罗纹，织 11cm 后，改织下针，织至 35cm，两侧各平收 2 针，然后按 4-2-22，16-2-2 的方法插肩减针，再织 3cm 后改织双罗纹，后片共织 60cm 长，领部余下 52 针。

2. 后片：织法与前片相同，只是改织下针后，不再改织双罗纹。

3. 袖片：从袖口往上织，起 96 针织双罗纹，织 9cm 后改织上针，两侧按 6-1-20 的方法加针，织至 33cm 的高度，改织花样，织至 35cm，织片变成 136 针，两侧各平收 2 针，然后按 4-2-22，16-2-2 的方法插肩减针，织至 35cm 的高度，改回编织上针，后片共织 60cm 长，领部余下 36 针。

4. 领子：领圈挑起 176 针，前片领口对应针数仍织双罗纹，左右前片对应针数仍织上针，环形编织，共织 18cm 长。

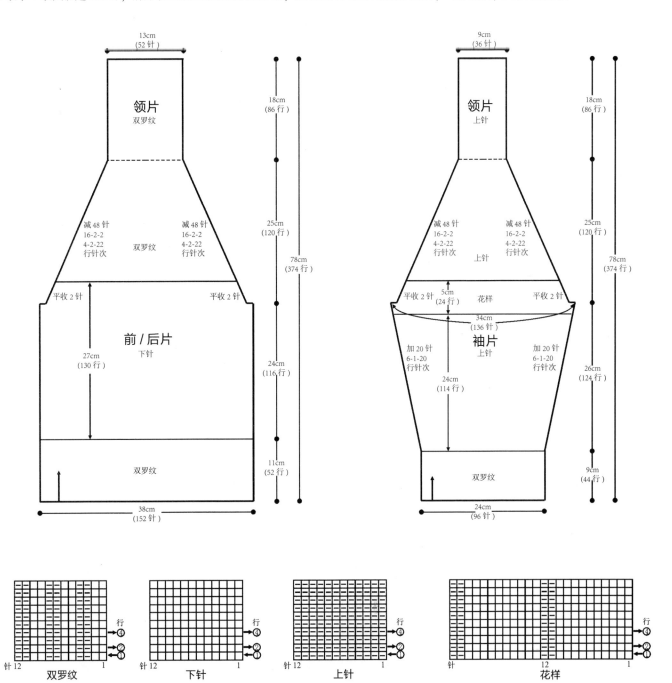

活力时尚背心

【成品尺寸】衣长 52cm　胸围 92cm

【工具】7 号棒针　8 号棒针

【材料】橘色粗毛线 400g

【密度】$10cm^2$: 18 针 × 24 行

【制作过程】

1. 先织后片，用 8 号棒针和橘色粗毛线起 83 针，织 6cm 双罗纹后，换 7 号棒针编织上针，织 25cm 到腋下时，按图示进行袖窿减针，减针完毕，不加不减往上织到最后 3cm 时，开始后领减针，减针方法如图，肩各留 12 针，待用。

2. 前片：用 8 号棒针和橘色粗毛线起 83 针，织 6cm 双罗纹后，换 7 号棒针编织花样，织 25cm 到腋下时，按图示进行袖窿减针，减针完毕，继续往上编织到最后 16cm 时，进行领口减针，肩留 12 针。

3. 合肩：在前后片反面用下针缝合。

4. 合并侧缝线。

5. 领口和袖窿用 8 号棒针挑织双罗纹。

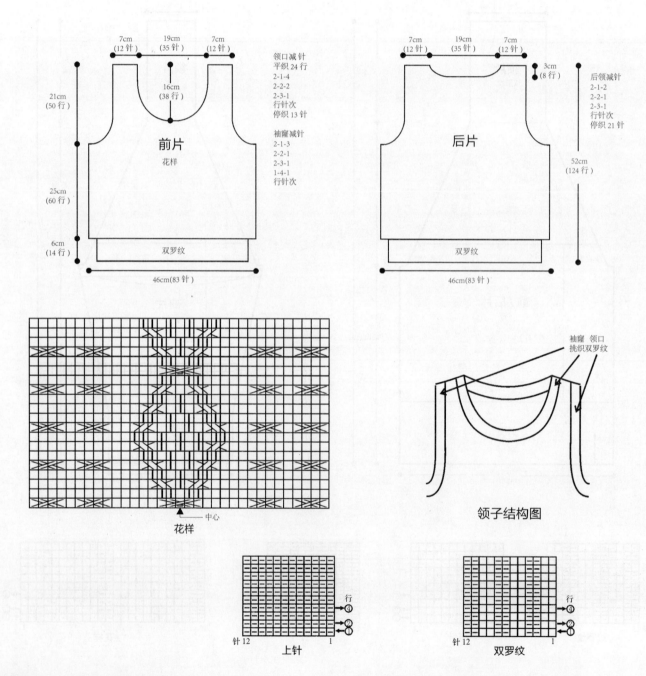

7cm (12 针)　19cm (35 针)　7cm (12 针)

领口减针
平织 24 行
2-1-4
2-2-2
2-3-1
行针次
停织 13 针

袖窿减针
2-1-3
2-2-1
2-3-1
1-4-1
行针次

21cm (50 行)

16cm (38 行)

前片
花样

25cm (60 行)

6cm (14 行)

双罗纹

46cm(83 针)

7cm (12 针)　19cm (35 针)　7cm (12 针)

3cm (8 行)

后领减针
2-1-2
2-2-1
2-3-1
行针次
停织 21 针

后片

52cm (124 行)

双罗纹

46cm(83 针)

▲—— 中心
花样

袖窿　领口
挑织双罗纹

领子结构图

针 12　　　　1
上针

行
④
②
①

针 12　　　　1
双罗纹

行
④
②
①

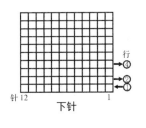

清新圆领毛衣

【成品尺寸】 衣长 52cm　胸围 88cm　袖长 32cm

【工具】 8 号环形针

【材料】 米黄色中粗毛线 250g

【密度】 10cm² : 23 针 ×30 行

【制作过程】

1. 先织育克部分，从下往上织，用 8 号环形针起下针 250 针，编织花样 A，织 5 行后，按照花样 B 编织，边织边减针，减针方法按照花样 B 图示，减至领口剩 140 针，收针，断线。

2. 在育克起针处进行分针，前后片各 77 针，袖片各 48 针，圈织，每片留出 2 针作为斜肩的 4 根径，按图示每 2 行加 1 针，一共加 6 次，留出袖子的针数，先织身体部分，圈织，前后片腋下各一次性加 6 针，这样，前后片总针数是 202 针，再织下针，不加不减织 34cm，收针，断线。

3. 袖片：圈织，在腋下两侧各挑 6 针，这时袖子针数为 72 针，织下针，按图示隔 12 行收一次，共收 7 次，袖长为 32cm，织至袖口留 58 针，收针，断线，用同样的方法编织另外一只袖子。

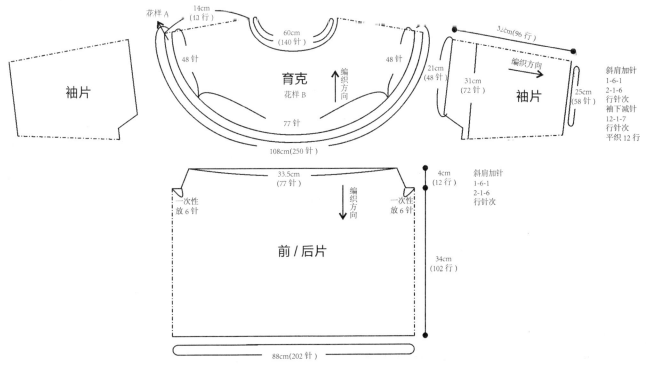

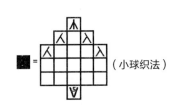

花样 A

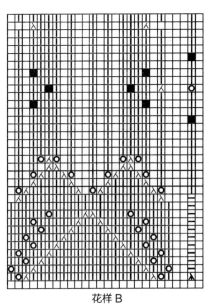

花样 B

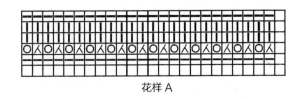

绿色原野开襟衫

【成品尺寸】衣长 60cm　胸围 88cm　袖长 40cm

【工具】10 号棒针　11 号棒针

【材料】淡绿色棉线 700g

【密度】10cm² : 13 针 ×20 行

【制作过程】

1. 后片：用 11 号棒针起 60 针，织双罗纹 6cm，换 10 号棒针织下针 22cm 后两边各留 3 针，继续往上减针，减针方法见结构图，织 7cm 后收针。

2. 前片：用 11 号棒针起 30 针，双罗纹织 6cm，换 10 号棒针织下针 22cm 后一边留 3 针，织 3cm 后开前领，减针方法见结构图，织 4cm 后留 2 针收针，用相同方法织出另一片。

3. 袖片：用 10 号棒针起 51 针，织下针 27cm 后两边各留 3 针，然后开始减针，减针方法为每 2 行减 1 针减 10 次，织 10cm 后收针，织完后缝合，并缝合对开成六个褶子。袖口挑 41 针，圈钩，织下针 5cm 后对折缝合。用相同方法织出另一片。

4. 将两片前片与后片相缝合，袖片与身片相缝合。

5. 领片：如图前领两边分开织，先挑织 10 针花样 A，同时加针织 14 行，在袖和后片挑 55 针按花样 A、双罗纹、花样 B 编织。

6. 门襟：用 10 号棒针起 5 针，织下针 60cm 后收针，用相同方法织出另一条，并与两片前片相缝合。

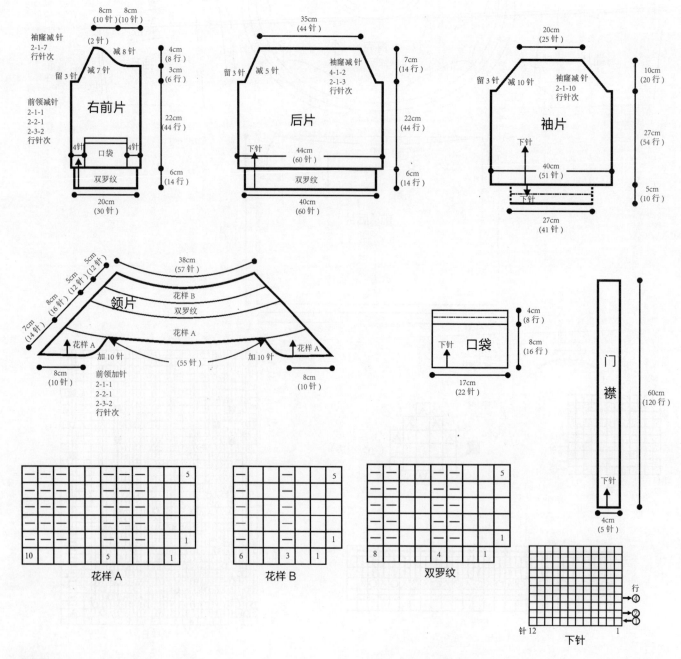

时尚淑女小外套

【成品尺寸】衣长 46cm　胸围 84cm　袖长 50cm
【工具】10 号棒针　4mm 钩针　绣花针
【材料】蓝色棉线 500g
【密度】10cm² : 17 针 ×20 行
【附件】圆形木质纽扣 3 枚

【制作过程】

1. 后片：起 72 针，按下针、花样 B、下针、花样 B、下针的顺序编织 28cm。往上开袖窿，减针方法如图。织 18cm 后收针。

2. 左前片：起 38 针，按前片花样整体图编织 26 行后开 1 个扣眼，继续织 20 行后开第 2 个扣眼，织 20 行后开最后一个扣眼，继续织 2 行。往上开袖窿，减针方法如图，织 6cm 后开前领，织 12cm 后收针。

3. 右前片：类似左前片，与左前片对称。不同为左前片不用开扣眼，直接织 28cm 后开袖窿。

4. 袖片：锁针起 51 针，按花样 A 织 10cm 后编织下针，同时加针织 20cm 后织袖山，继续织 10cm 后收针，用相同方法织出另一片袖片。

5. 将两片前片和后片肩部、腋下缝合；袖片袖下缝合；身片和袖片相缝合。

6. 在前领和后领共挑 76 针，按花样 D 织 10cm 后收针。

7. 用 4mm 钩针在下摆和缘编钩 1 行短针，见门襟、下摆缘编织图。

8. 在右前片相应位置钉上 3 枚纽扣。

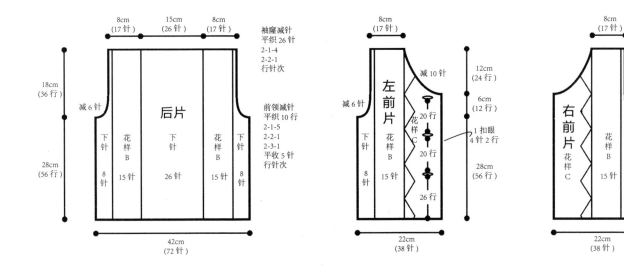

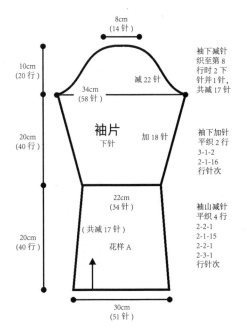

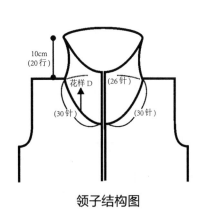

领子结构图

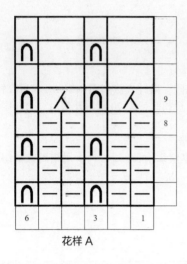

花样A

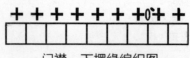

门襟、下摆缘编织图

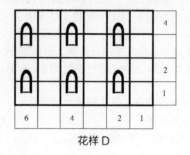

花样D

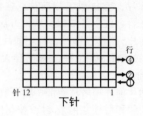

针12   下针   1

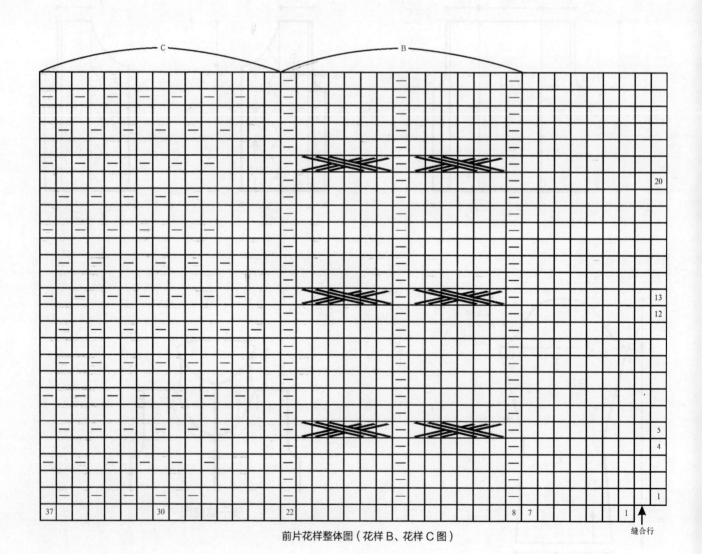

前片花样整体图（花样B、花样C图）

红色梦幻花纹外套

【成品尺寸】衣长 60cm 胸围 92cm 袖长 55cm

【工具】8 号棒针 绣花针

【材料】红色毛线 700g

【密度】10cm² : 24 针 × 26 行

【附件】纽扣 8 枚

【制作过程】

1. 后片：用 8 号棒针和红色毛线起 96 针，织 3cm 搓板针后，换织花样 A，不加不减织 30cm，这时均匀加针到 108 针，编织花样 B，织 6cm 到腋下，然后开始袖窿减针，织至衣长最后 2cm 时，后领减针，肩留 22 针，待用。

2. 前片分两片，用红色毛线和 8 号棒针起 51 针（其中 6 针为门襟），织 3cm 搓板针后，换织花样 A，不加不减织 30cm，这时均匀加针到 51 针（不包括门襟针数），编织花样 B，织 6cm 到腋下，然后开始袖窿减针，减针方法如图，织至最后 7cm，进行领口减针，如图，肩留 22 针，待用，用同样的方法织好另一片前片。

3. 袖片：用红色毛线和 8 号棒针起 52 针，织 3cm 搓板针后，换织花样 A，按图示进行袖下加针，织 32cm 后，换织花样 B，织 6cm 到腋下，然后按图进行袖山减针，减针完毕，袖山形成，用同样的方法织好另一只袖子。

4. 领口挑织搓板针 3cm。

5. 前后片反面用下针缝合，分别合并侧缝线和袖下线，并缝合袖子。

6. 用绣花针缝上纽扣。

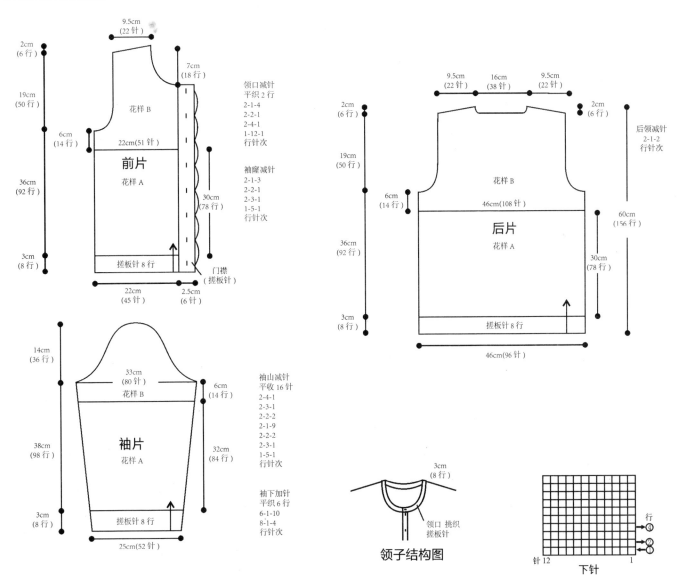

领子结构图

下针

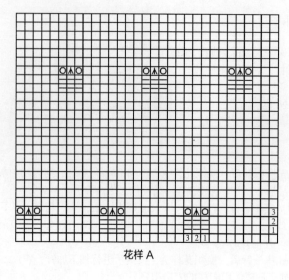

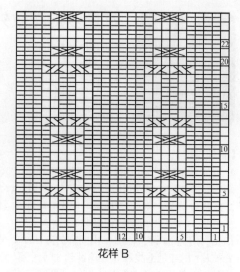

搓板针

花样 A

花样 B

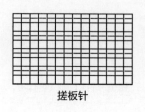

白色气质毛衣

【成品尺寸】衣长 62cm　胸围 90cm　袖长 32cm

【工具】8 号棒针　绣花针

【材料】白色棉线 750g

【密度】10cm² : 20 针 ×26 行

【附件】纽扣 4 枚

【制作过程】

1. 后片：用 8 号棒针起 102 针，织 6 行搓板针后，换织花样 A，织 11.5cm 后，换织下针，织 22.5cm，在此期间两侧减针到 92 针，然后换织花样 B，不加不减织 8cm 到腋下，此时开始斜肩减针，减针方法如图，后领留 34 针。

2. 前片分两片，用 8 号棒针起 56 针（包括门襟 9 针搓板针），织 6 行搓板针后，换织花样 A，织 11.5cm 后，换织下针，织 22.5cm，在此期间两侧减针到 42 针，然后换织花样 B，不加不减织 8cm 到腋下，此时开始斜肩减针，织至最后 8cm 时，进行领口减针，减针方法如图，用同样的方法织好另一片前片。

3. 袖片：用 8 号棒针起 70 针，织 6 行搓板针后，换下针编织，不加不减织 7cm 后，开始编织花样 B，织 5cm 到腋下，然后进行斜肩减针，减针方法如图示，肩留 20 针，用同样的方法织好另一只袖子。

4. 分别合并侧缝线和袖下线，并缝合袖子。

5. 领子：挑织搓板针 10 行并在合适的位置留扣眼。

6. 用绣花针缝上纽扣。

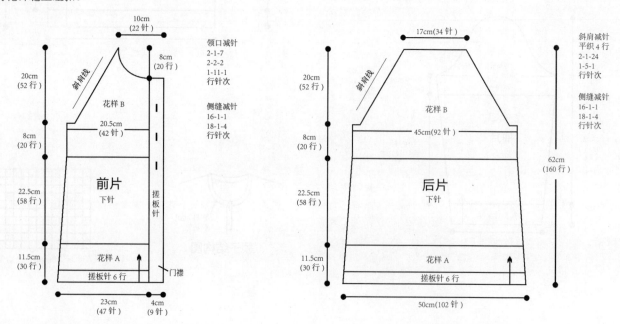

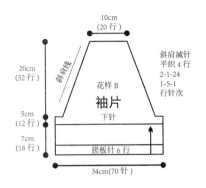

10cm
(20行)

20cm
(52行)

斜肩线

斜肩减针
平织 4 行
2-1-24
1-5-1
行针次

花样 B

袖片

下针

5cm
(12行)

7cm
(18行)

搓板针 6 行

34cm(70针)

领口 挑织
搓板针 10 行

领子结构图

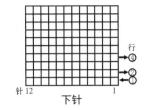

行

针 12

下针

1

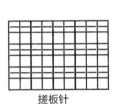

搓板针

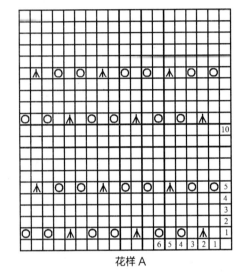

花样 A

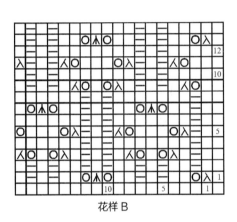

花样 B

清纯麻花纹小开衫

【成品尺寸】衣长 85cm　胸围 92cm

【工具】7 号棒针　8 号棒针　绣花针

【材料】橘红色粗毛线 450g

【密度】$10cm^2$：17 针 ×24 行

【附件】纽扣 4 枚

【制作过程】

1. 先织后片，用 8 号棒针和橘红色粗毛线起 80 针，织单罗纹 6cm 后，换 7 号棒针编织花样 A，不加不减织 12.5cm，均匀加针到 84 针后，编织花样 B，继续往上织 43.5cm 到腋下，然后进行袖窿减针，减针方法如图，织至 21cm 时，采用引退针法织斜肩，如图，同时进行后领减针，减针方法如图示，肩留 14 针，待用。

2. 前片：用 8 号棒针和橘红色粗毛线起 41 针，织 6cm 单罗纹后，换 7 号棒针编织花样 A，不加不减织 12.5cm，均匀加针到 43 针后，编织花样 B，中间留 12cm(21 针) 作为袋口，用 8 号棒针织单罗纹 3cm，如图，收针，用 7 号棒针加 21 针，与原有针数合一起为 43 针，织 3.5cm 到腋下后，进行袖窿减针，减针方法如图，织至 21cm 时，采用引退针织斜肩，如图，肩留 14 针，待用，在袖窿减针的同时进行领口减针，减针方法如图。用相同的方法另织一片前片。

3. 口袋：在前片加 21 针处挑 21 针，用 7 号棒针织下针 12.5cm，如图，收针断线，缝合。

4. 分别合并前后片肩线和侧缝线。

5. 领子：挑织单罗纹，如图示，并在相应的位置留扣眼；袖窿，挑织单罗纹。

6. 用绣花针缝上纽扣。

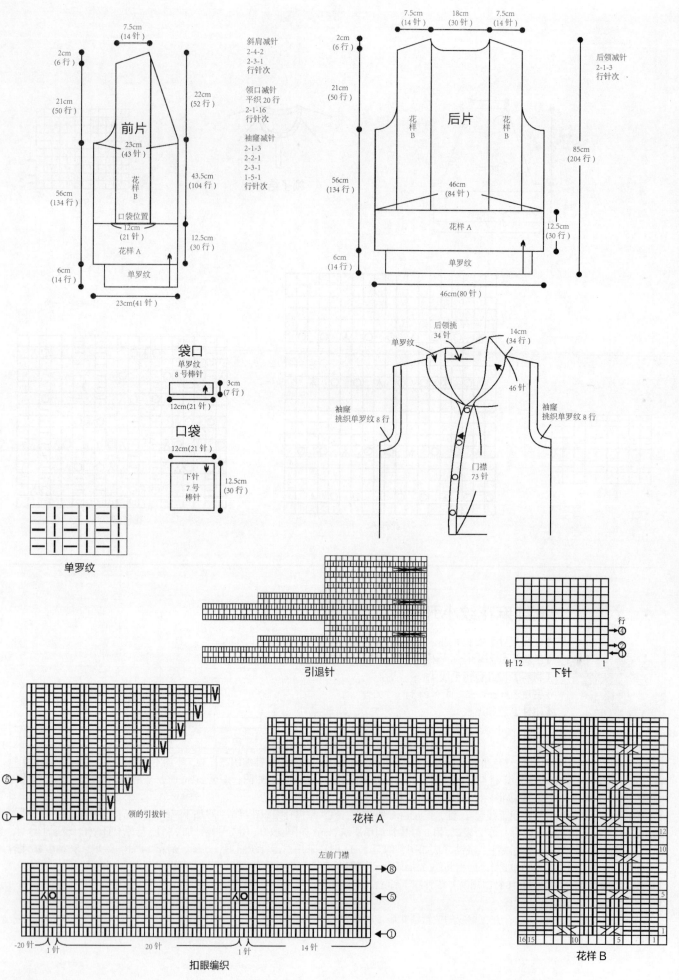

7.5cm（14针）

2cm（6针）

21cm（50行）

前片

23cm（43针）

花样B

口袋位置

12cm（21针）

花样A

56cm（134行）

6cm（14行）

单罗纹

23cm（41针）

22cm（52行）

43.5cm（104行）

12.5cm（30行）

斜肩减针
2-4-2
2-3-1
行针次

领口减针
平织20行
2-1-16
行针次

袖窿减针
2-1-3
2-2-1
2-3-1
1-5-1
行针次

7.5cm（14针）　18cm（30针）　7.5cm（14针）

2cm（6针）

21cm（50行）

花样B

后片

花样B

56cm（134行）

46cm（84针）

花样A

6cm（14行）

单罗纹

46cm（80针）

后领减针
2-1-3
行针次

85cm（204行）

12.5cm（30行）

袋口
单罗纹
8号棒针
12cm（21针）
3cm（7行）

口袋
12cm（21针）
下针
7号棒针
12.5cm（30行）

单罗纹

后领挑
34针

单罗纹

14cm（34行）

46针

袖窿
挑织单罗纹8行

袖窿
挑织单罗纹8行

门襟
73针

引退针

针12　下针　1

行

领的引拔针

花样A

花样B

左前门襟

扣眼编织

-20针　1针　20针　1针　14针

花样B

16 15　10　5　1

甜美套头装

【成品尺寸】 衣长 62cm　胸围 92cm　袖长 48cm

【工具】 8 号棒针　9 号棒针

【材料】 粉红色中粗毛线 500g

【密度】 10cm² : 20 针 × 26 行

【制作过程】

1. 先织育克部分，从下往上织，用 8 号棒针起下针 252 针，按育克花样编织 12cm，收针至 140 针，换 9 号棒针织双罗纹 10 行，收针，断线。

2. 身体部分，用 8 号棒针在育克起针处进行分针，前后片各 76 针，袖片各 50 针，按图示，前后片两侧各一次性加 8 针，这样前后片总针数是 184 针，圈织，不加不减织下针 44cm，换 9 号棒针织双罗纹 6cm，收针断线。

3. 袖片：用 8 号棒针圈织，在腋下两侧各挑 8 针，这时袖子针数为 66 针，织下针，按图示，进行袖下减针，织到 29cm 时，编织 12cm 花样，然后换 9 号棒针，织双罗纹 7cm，收针，断线，用同样的方法编织另外一只袖子。

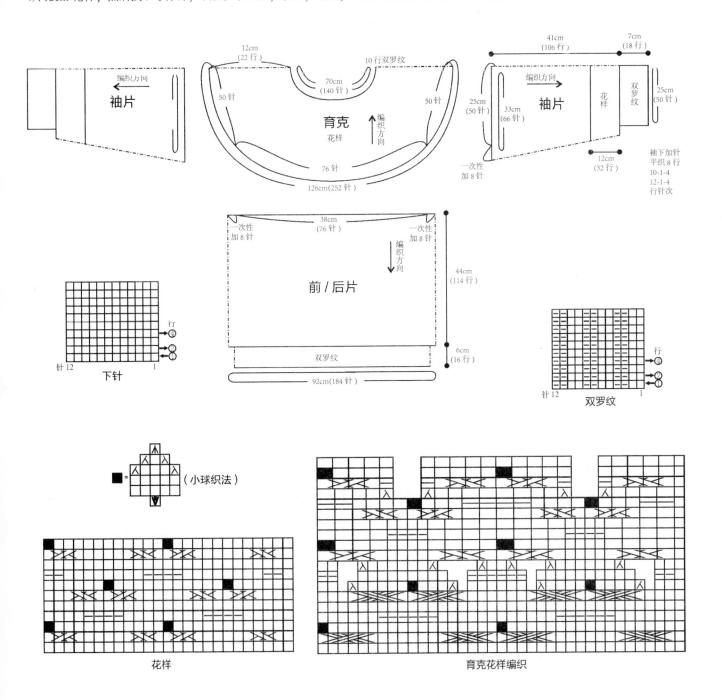

109

简约 V 领连衣裙

【成品尺寸】 衣长 70cm　胸围 88cm
【工具】 10 号棒针
【材料】 粉红色时装线 600g
【密度】 10cm² : 15 针 × 20 行

【制作过程】

1. 后片：呈长方形，起 67 针，织下针 70cm 后收针。
2. 前片：起 67 针，织下针 50cm 后开领，分两边编织，领部减针参照领口减针示意图，往上逐渐减针，共织 20cm 收针，用相同方法织出另一片。
3. 将肩部与腋下缝合，如前片图，袖窿缝合处为 25cm。

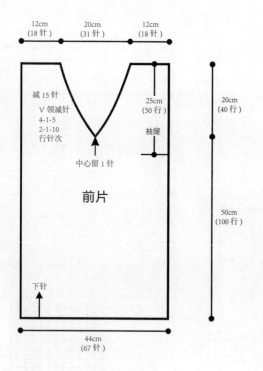

前片

12cm（18针）　20cm（31针）　12cm（18针）

减15针
V领减针
4-1-5
2-1-10
行针次

中心留1针

25cm（50行）
袖窿

20cm（40行）

50cm（100行）

44cm（67针）

下针

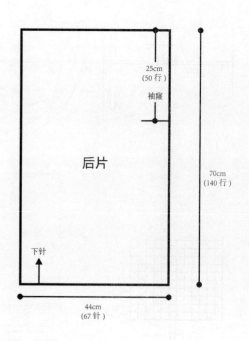

后片

25cm（50行）
袖窿

70cm（140行）

44cm（67针）

下针

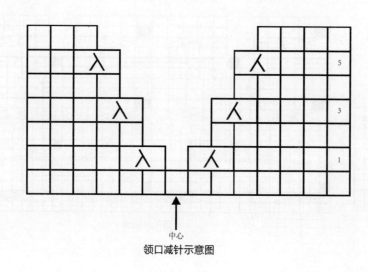

中心

领口减针示意图

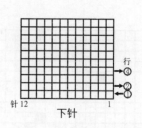

针12　　1
下针

行④③②①

黑色经典麻花纹外套

【成品尺寸】 衣长66cm　胸围94cm　袖长60cm

【工具】 6号棒针　7号棒针

【材料】 黑色毛线600g

【密度】 $10cm^2$：15针×20行

【制作过程】

1. 如结构图所示前片、后片分别编织，袖片为左右两片。先织后片，用7号棒针起70针，织10cm双罗纹后，换6号棒针编织花样，织40cm到腋下，然后进行斜肩减针，减针方法如图，后领留32针，待用。

2. 前片：织法同后片。

3. 袖片：用7号棒针起42针，织6cm双罗纹后，换6号棒针，均匀加针到62针，编织花样，然后按图示进行袖下减针，织38cm到腋下后，开始斜肩减针，减针方法如图，肩留22针，待用，用同样的方法编织另外一只袖子。

4. 分别合并侧缝线和袖下线，并缝合袖子。

5. 领片：用7号棒针挑织双罗纹7cm，收针完成。

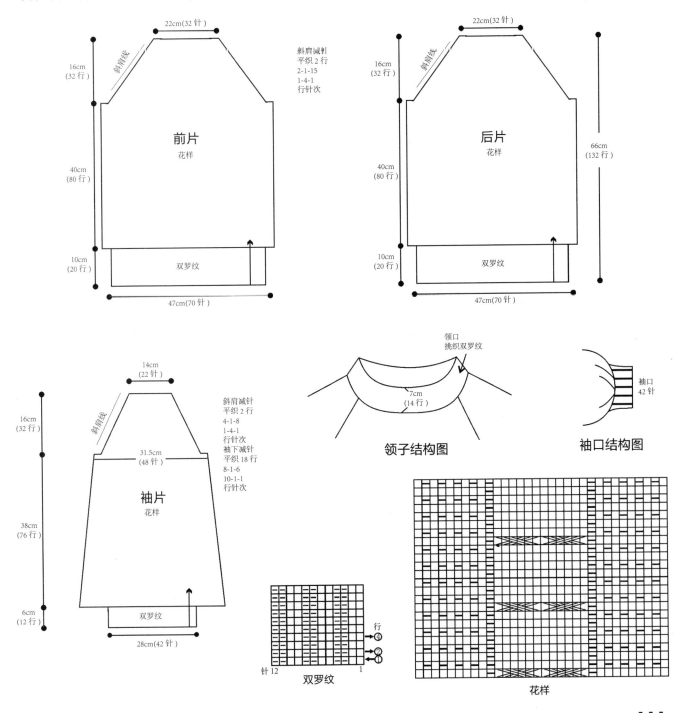

前片花样／后片花样

22cm（32针）

斜肩线

16cm（32行）

斜肩减针
平织2行
2-1-15
1-4-1
行针次

前片
花样

后片
花样

40cm（80行）

66cm（132行）

10cm（20行）

双罗纹

47cm（70针）

14cm（22针）

斜肩线

16cm（32行）

斜肩减针
平织2行
4-1-8
1-4-1
行针次
袖下减针
平织18行
8-1-6
10-1-1
行针次

31.5cm（48针）

袖片
花样

38cm（76行）

6cm（12行）

双罗纹

28cm（42针）

领口
挑织双罗纹

7cm（14行）

领子结构图

袖口
42针

袖口结构图

行
④
②
①

针12　　　1

双罗纹

花样

青春靓丽开衫

【成品尺寸】衣长54cm　胸围86cm　袖长48cm

【工具】7号棒针　8号棒针　绣花针

【材料】花式时装毛线550g

【密度】$10cm^2$：18针×24行

【附件】纽扣7枚

【制作过程】

1. 先织后片，用8号棒针和花式时装毛线起80针，织5cm单罗纹后，换7号棒针织上针，不加不减织31cm到腋下，然后开始袖窿减针，减针方法如图，织至衣长最后3cm时，进行后领减针，如图，肩留14针，待用。

2. 前片分两片，用8号棒针起41针织5cm单罗纹后，换7号棒针织上针，不加不减织31cm到腋下，然后开始袖窿减针，减针方法如图，织到最后7cm时，进行领口减针，减针方法如图，肩留14针，待用，用同样的方法织好另一片前片。

3. 袖片：用8号棒针起44针，织4cm单罗纹后，换7号棒针织上针，按图示进行袖下加针，织至35cm，到腋下后按图进行袖山减针，减针完毕，袖山形成，用同样的方法织好另一只袖子。

4. 前后片反面用下针缝合，分别合并侧缝线和袖下线，并缝合袖子。

5. 领口：挑织单罗纹并在合适的位置留扣眼。

6. 用绣花针缝上纽扣。

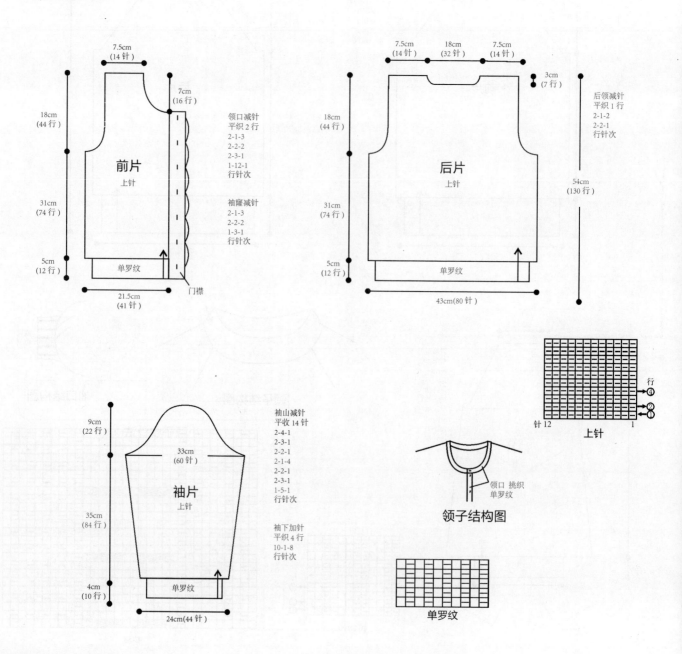

112

高雅开襟衫

【成品尺寸】衣长 90cm 胸围 88cm 袖长 53cm
【工具】11 号棒针
【材料】灰色棉线 570g
【密度】10cm² : 24 针 ×30 行

【制作过程】

1. 身片：如图，起 144 针，织下针 40cm 后，开始减针，按小燕子收针法减 28 次，共减 56 针，减针织 30cm，开袖窿，如图所示，继续往上织 20cm 后收针，对称织出另一片。

2. 袖片：起 48 针，织双罗纹 10cm 后，往上织下针，同时加针织 30cm，往上按袖山减针织袖山，织 13cm 后收针，用相同方法织出另一片袖片。

3. 两片身片在小燕子减针处缝合，同时将袖片与身片相缝合。

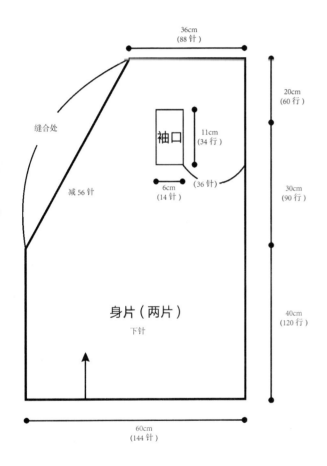

36cm
(88 针)

袖口

11cm
(34 行)

6cm
(14 针)
(36 针)

缝合处

减 56 针

20cm
(60 行)

30cm
(90 行)

40cm
(120 行)

身片（两片）
下针

60cm
(144 针)

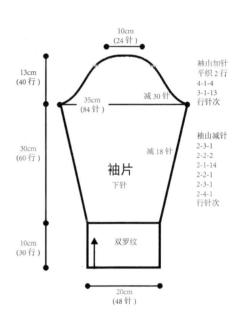

10cm
(24 针)

13cm
(40 行)

袖山加针
平织 2 行
4-1-4
3-1-13
行针次

35cm
(84 针)

减 30 针

30cm
(60 行)

减 18 针

袖片
下针

袖山减针
2-3-1
2-2-2
2-1-14
2-2-1
2-3-1
2-4-1
行针次

10cm
(30 行)

双罗纹

20cm
(48 针)

左边　　　右边

注：都为先交叉，然后后 2 针合并，这两步在同一行进行

小燕子收针法

两片身片缝合后平面展开图

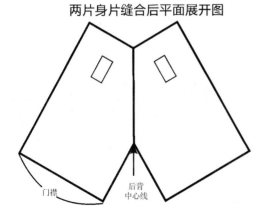

门襟　　后背中心线

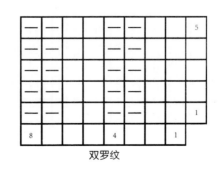

双罗纹

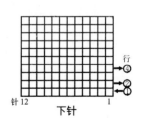

针 12　　　1
下针

行
④
②
①

休闲背心裙

【成品尺寸】 衣长 82cm　胸围 83cm

【工具】 8 号棒针　9 号棒针

【材料】 灰色中粗毛线 700g

【密度】 10cm² : 20 针 ×26 行

【制作过程】

1. 按结构图所示，前片、后片各为两片，先织后片，用 9 号棒针和灰色毛线起 108 针，织 2cm 双罗纹后，换 8 号棒针织下针，不加不减织 50cm 后，开始编织花样，编织到 7cm 时，腋下 16 针换织双罗纹 3cm，然后按图示一次性平收 16 针，收出袖窿，继续往上编织，在距离领口 3cm 时，换织双罗纹 3cm，在领口按图示一次性平收 46 针，两肩各留 15 针，不加不减往上编织 14cm，收针。

2. 前片的织法与后片相同。

3. 合并前后片的侧缝线、肩线。

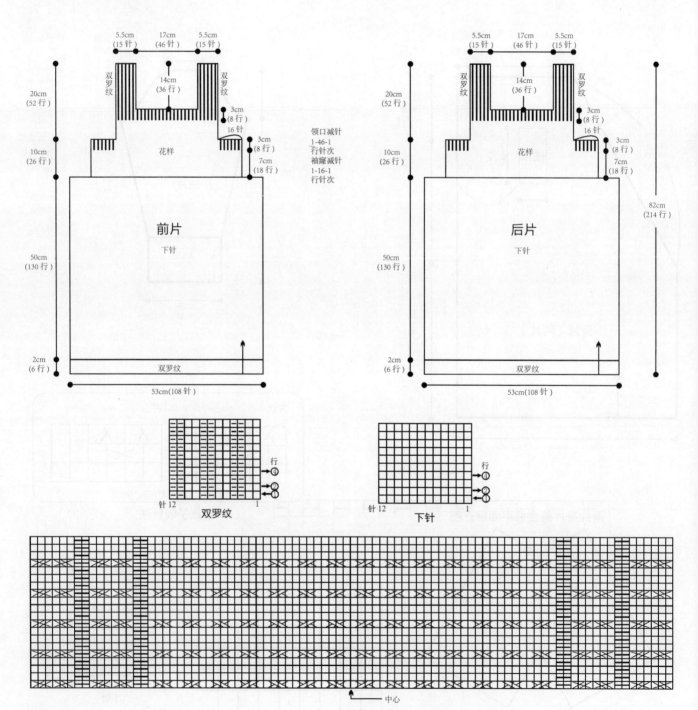

素雅 V 领无袖衫

【成品尺寸】衣长 68cm 胸围 92cm
【工具】6 号棒针
【材料】蓝色粗毛线 550g
【密度】10cm² : 15 针 ×22 行

【制作过程】

1. 先织后片，用 6 号棒针和蓝色粗毛线起 82 针，编织花样，按图示减针，织 47cm 到腋下时，进行袖窿减针，减针方法如图示，先在两侧平收 3 针，再每 2 行收 3 针 1 次，每 2 行收 2 针 1 次，每 2 行收 1 针 3 次。平织至最后 2cm 时，后领减针，如图示，每 2 行收 1 针 2 次，织至袖窿 21cm，后片完成。

2. 前片：用 6 号棒针和蓝色粗毛线起 82 针，编织花样，按图示减针，织 47cm 到腋下时，进行袖窿减针，减针方法如图，织至最后 18cm 时，前领减针，如图示，每 2 行收 1 针 14 次，织到领深 18cm，前片完成。

3. 分别合并前后片肩线和侧缝线。

4. 领子：挑织，织下针 4 行。

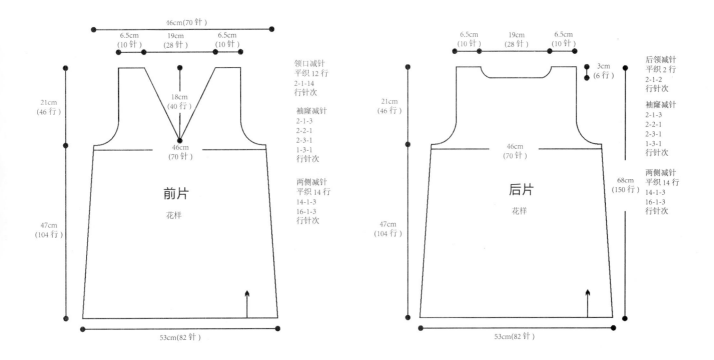

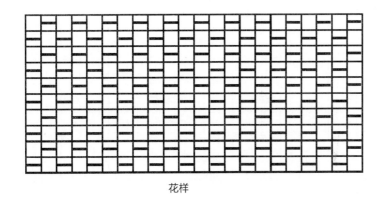

花样

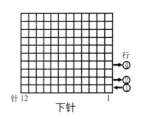

下针

清纯翻领装

【成品尺寸】衣长 60cm　胸围 84cm　袖长 62cm

【工具】10 号棒针　绣花针

【材料】卡其色棉线 800g

【密度】10cm² : 22 针 ×30 行

【附件】黑色圆形纽扣 7 枚

【制作过程】

1. 后片：起 92 针，织 7cm 双罗纹，按前片花样整体图编织 35cm 后开袖窿，继续往上织 15.5cm 后开后领，分两边编织，减针方法如图。织 2.5cm 后收针。

2. 前片：起 47 针，织 7cm 双罗纹，按前片花样整体图编织 35cm 后开袖窿，减针如图，再往上织 10cm 后开前领，继续织 8cm 后收针，对称织出另一片。

3. 袖片：起 44 针，织 14cm 双罗纹，按前片花样整体图编织 35cm，同时加针后织袖山，袖山织 13cm 后收针，用相同方法织出另一片。

4. 将两片前片和后片相缝合；两片袖片袖下缝合；袖片与身片相缝合。

5. 门襟：按门襟、衣领图，在门襟处挑 124 针，编织双罗纹，一边留出扣眼，一边不用开扣眼，钉上纽扣。

6. 衣领：如图，前领、后领共挑 100 针，织 10cm 双罗纹后收针。

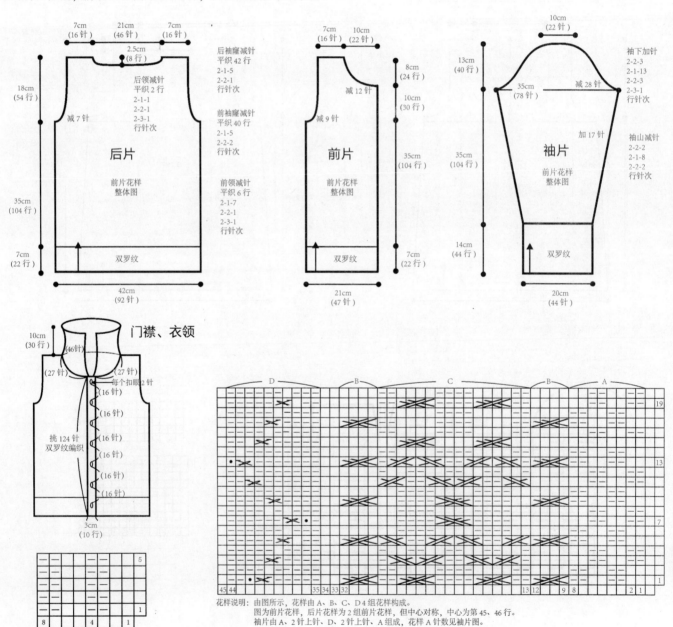

花样说明：由图所示，花样由 A、B、C、D 4 组花样构成。
图为前片花样，后片花样为 2 组前片花样，但中心对称，中心为第 45、46 行。
袖片由 A、2 针上针、D、2 针上针、A 组成，花样 A 针数见袖片图。

前片花样整体图

双罗纹

温馨舒适连帽装

【成品尺寸】衣长 68cm　胸围 84cm　袖长 56cm
【工具】10 号棒针
【材料】乳白色棉线 700g
【密度】10cm² : 20 针 ×18 行

【制作过程】

1. 后片：起 85 针，编织 8cm 花样 A，往上按下针、花样 B、下针的顺序编织 42cm 后，按袖窿减针开袖窿，织 18cm 后收针。

2. 左前片：起 44 针，编织 8cm 花样 A，按花样 B、下针的顺序编织 42cm 后，按袖窿减针开袖窿，织 18cm 后收针，对称织出右前片。

3. 袖片：起 38 针，编织 8cm 花样 A，10cm 花样 C，往上编织 25cm 下针后开袖山，按袖山减针织袖山，织 13cm 后收针，用相同方法织出另一片。

4. 将两片前片与后片肩部、腋下缝合；两片袖片袖下缝合；袖片和身片相缝合。

5. 帽·按帽图解及说明编织。

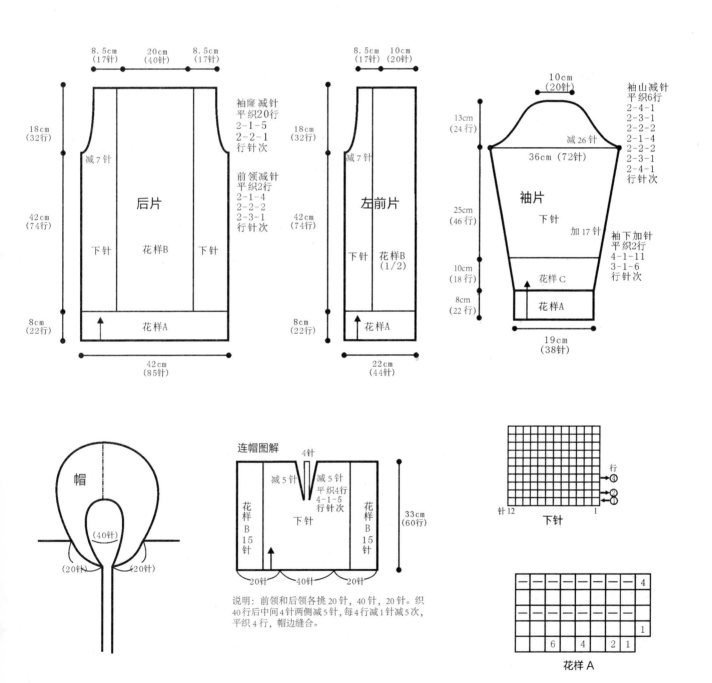

说明：前领和后领各挑 20 针，40 针，20 针。织 40 行后中间 4 针两侧减 5 针，每 4 行减 1 针减 5 次，平织 4 行，帽边缝合。

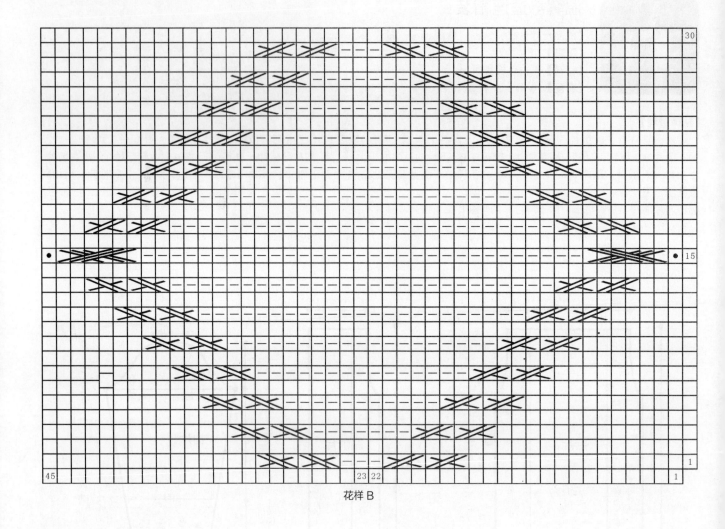

花样 B

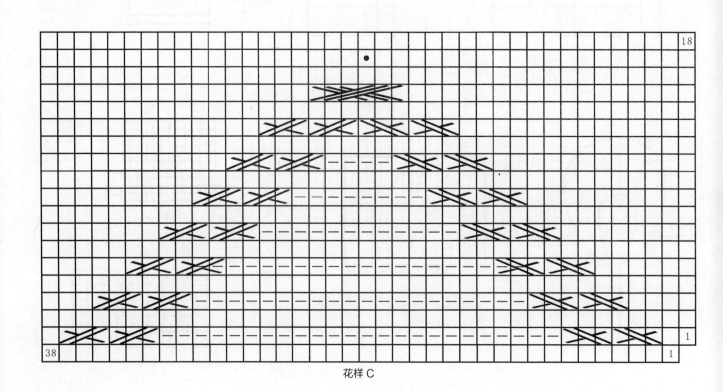

花样 C

大麻花纹 V 领套头装

【**成品尺寸**】衣长 56cm　胸围 84cm　袖长 56cm
【**工具**】10 号棒针
【**材料**】驼色棉线 650g
【**密度**】10cm² : 16 针 ×26 行

【制作过程】

1. 后片:起 68 针,编织 6cm 双罗纹后,按上针、花样 A、上针的花样编织 30cm 后开袖窿,减针方法如图,继续往上织 20cm 后收针。

2. 前片:起 68 针,编织 6cm 双罗纹后,按上针、花样 B、上针、花样 A、上针、花样 B、上针的顺序编织 30cm 后开 V 领,分两片编织,织 3cm 后开袖窿,减针方法如图,领部减针见领部减针示意图,用相同方法织出另一片。

3. 袖片:起 42 针,编织 6cm 双罗纹后,按上针、花样 A、上针的顺序编织,并同时加针织 37cm 后减针织袖山,减针方法如图,织 13cm 后收针,用相同方法织出另一片。

4. 将前片和后片肩部与腋下缝合;袖片和腋下缝合;两片袖片与身片相缝合。

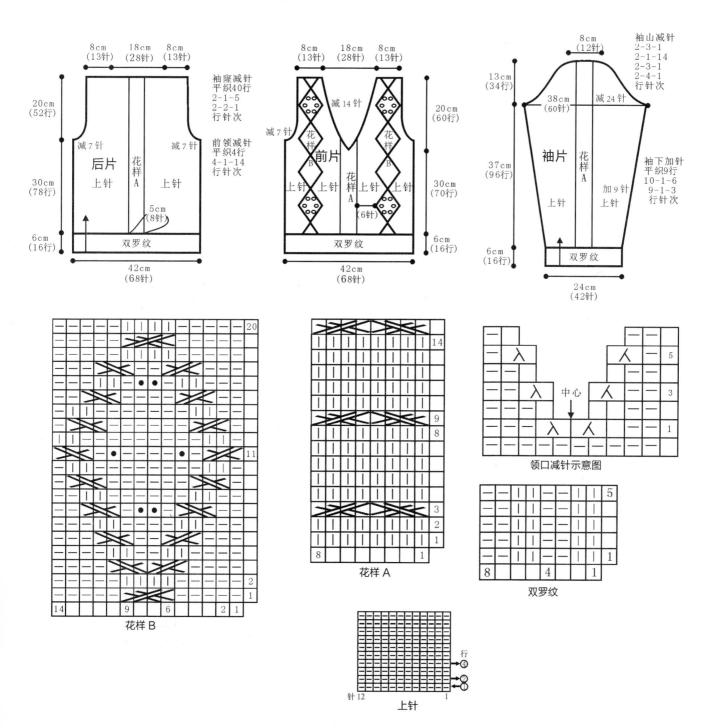

活力长袖装

【成品尺寸】衣长 56cm　胸围 84cm　袖长 58cm

【工具】10 号棒针

【材料】橘黄色棉线 600g

【密度】10cm² : 17 针 ×24 行

【制作过程】

1. 后片：起 72 针，编织 7cm 花样 A，往上编织花样 B，织 31cm 后开袖窿，减针如图，织 15cm 后织肩斜，肩斜共 3cm，按图示减针。

2. 前片：起 72 针，编织 7cm 花样 A，往上按花样 B、花样 C、花样 D、花样 E、花样 D、花样 C、花样 B 的顺序编织，针数及花样见图，织 31cm 后开袖窿，织 8cm 后开前领，分两边编织，各织 10cm，同时减针后收针。

3. 袖片：锁针起 40 针，编织 7cm 花样 A，往上编织花样 B 并同时加针织 38cm 后织袖山，袖山两边各减 24 针织 13cm 后收针，用相同方法织出另一片袖片。

4. 将前片与后片缝合；袖片、袖下缝合；袖片与身片相缝合。

5. 衣领：前领和后领共挑 70 针，按花样 A 编织，织 4cm 后收针。

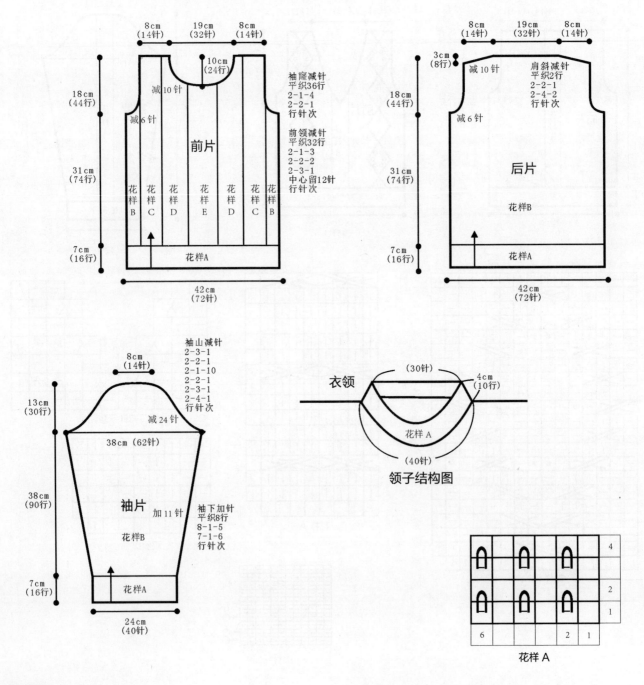

领子结构图

花样 A

120

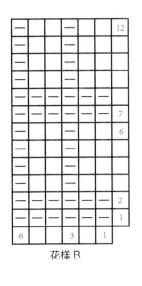

花样 B

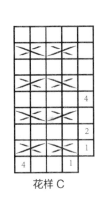

花样 C

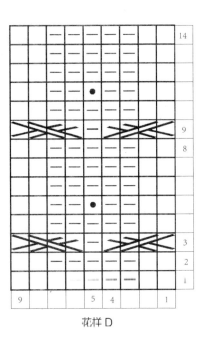

花样 D

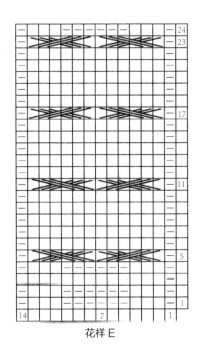

花样 E

恬静高领毛衣

【成品尺寸】衣长66cm　胸围90cm　袖长55cm
【工具】8号棒针　9号棒针
【材料】赭色马海毛线700g
【密度】10cm² : 20针 ×26行

【制作过程】

1. 按结构图示，前片、后片分别编织，袖片为左右两片。先织后片，用9号棒针和赭色马海毛线起89针，织8cm双罗纹后，换8号棒针编织花样，织38cm到腋下后，按图示进行袖窿减针，往上织17cm，引用引退针法，织出斜肩，肩各为16针，收针，领留39针，继续往上织，不加不减13cm，收针。
2. 前片：织法与后片相同。
3. 袖片：用9号棒针和赭色马海毛线起48针，织6cm双罗纹后，换8号棒针织上针，织35cm到腋下后，进行袖山减针，减针方法如图，减针完毕，袖山形成，用同样的方法编织另外一只袖子。
4. 分别合并侧缝线和袖下线，并缝合袖子。

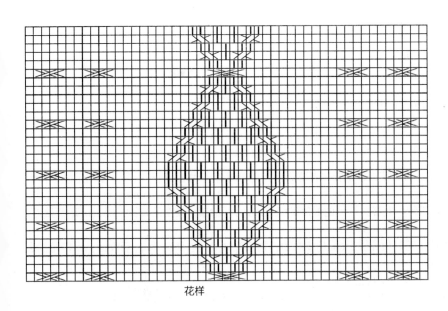

花样

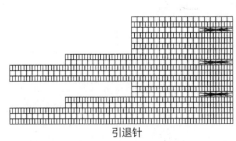

引退针

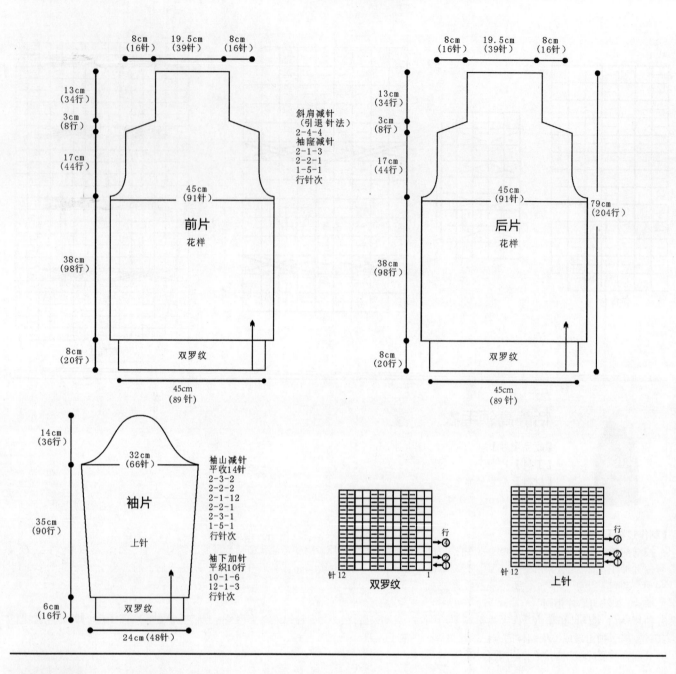

斜肩减针
（引退针法）
2-4-4
袖窿减针
2-1-3
2-2-1
1-5-1
行针次

8cm（16针） 19.5cm（39针） 8cm（16针）

13cm（34行）
3cm（8行）
17cm（44行）

45cm（91针）

前片
花样

38cm（98行）

双罗纹

8cm（20行）

45cm（89针）

8cm（16针） 19.5cm（39针） 8cm（16针）

13cm（34行）
3cm（8行）
17cm（44行）

45cm（91针）

后片
花样

38cm（98行）

双罗纹

8cm（20行）

79cm（204行）

45cm（89针）

14cm（36行）

32cm（66针）

袖片
上针

袖山减针
平收14针
2-3-2
2-2-2
2-1-12
2-2-1
2-3-1
1-5-1
行针次

袖下加针
平织10行
10-1-6
12-1-3
行针次

35cm（90行）

6cm（16行）

双罗纹

24cm（48针）

针12   1
双罗纹

行
④
②
①

针12   1
上针

行
④
②
①

都市丽人装

【成品尺寸】衣长80cm　胸围84cm　袖长58cm

【工具】10号棒针　绣花针

【材料】棕色棉线900g

【密度】下针、花样A10cm²：15针×20行　双罗纹10cm²：17针×20行

【附件】纽扣4枚

【制作过程】

1.后片：起66针，织6cm双罗纹，30cm下针后按下针、花样、下针、花样、下针的顺序编织26cm后开袖窿，按图示减针，织15cm后开领，分两边编织，各织3cm后收针。

2.前片：起33针，织6cm双罗纹，30cm下针后按下针、花样、下针的顺序编织23cm后开前领，按图示减针，织3cm后开袖山，继续织18cm后收针，对称织出另一片前片。

3.袖片：起36针，织10cm双罗纹，往上编织下针，同时加针织35cm后织袖山，袖山减针如图，共织13cm后收针，用相同方法织出另一片袖片。

4.两片前片与后片缝合；两片袖片袖下缝合；袖片与身片相缝合。

5.门襟：在门襟处挑106针，双罗纹织3cm后收针，一边如图开扣眼，另一边直接织，不用开扣眼，但需缝上纽扣。

6.领子：前领和后领共挑112针，织3cm双罗纹后收针，并与门襟缝合。

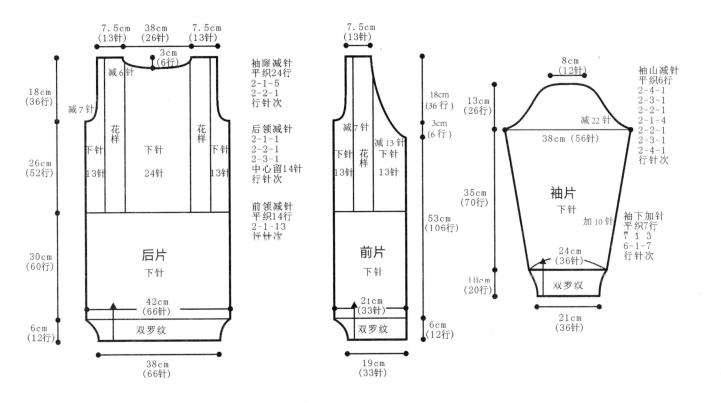

后片 下针

7.5cm (13针) 38cm (26针) 7.5cm (13针)
3cm (6行)
减6针
18cm (36行)
减7针
花样 下针 13针 下针 24针 花样 下针 13针
26cm (52行)
30cm (60行)
42cm (66针)
6cm (12行) 双罗纹
38cm (66针)

袖隆减针 平织24行 2-1-5 2-2-1 行针次

后领减针 2-1-1 2-2-1 2-3-1 中心留14针 行针次

前领减针 平织14行 2-1-13 行针次

前片 下针

7.5cm (13针)
减7针
18cm (36行)
3cm (6行)
下针 13针 花样 减13针 下针 13针
53cm (106行)
21cm (33针)
6cm (12行) 双罗纹
19cm (33针)

袖片 下针

8cm (12针)
袖山减针 平织6行 2-4-1 2-3-1 2-2-1 2-1-4 2-2-1 2-3-1 2-4-1 行针次
减22针
13cm (26行)
38cm (56针)
35cm (70行)
加10针
袖下加针 平织7行 6-1-7 行针次
11cm (20行)
24cm (36针)
双罗纹
21cm (36针)

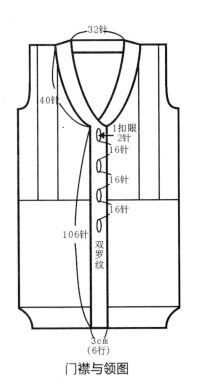

门襟与领图

32针
40针
1扣眼 2针
16针
16针
16针
106针
双罗纹
3cm (6行)

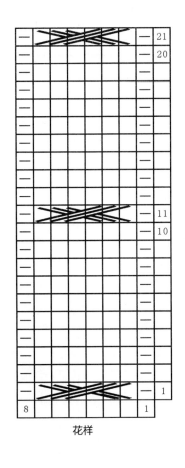

花样

21
20

11
10

1
8　　　　　　　1

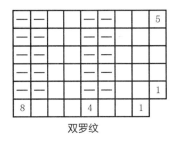

双罗纹

5

1
8　　　4　　　1

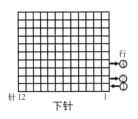

下针

行④③②①
针12　　　　　1

123

中性长袖装

【成品尺寸】衣长 56cm　胸围 84cm　袖长 50cm

【工具】10 号棒针

【材料】灰色棉线 700g

【密度】10cm² ：16 针 ×22 行

【制作过程】

1.前片：起 71 针，编织 4cm 上针，如图所示，往上由上针、花样 A、花样 B 组成，编织顺序见图，花样 A、花样 B 见图，织 32cm 后开袖窿，按减针方法织 12cm 后中间留 11 针，再分两片编织，织 8cm 后收针，对称织出另一片。

2.后片：类似前片，不同为开袖窿后织 17cm，然后再开领，减针方法见图。

3.袖片：起 38 针，织 4cm 上针，往上由上针及花样 A 组成，编织顺序见图，同时加针，织 38cm 后减针织袖山，减针如图，继续织 8cm 后收针，用相同方法织出另一片袖片。

4.将两片袖片袖下缝合；前片与后片肩部、腋下缝合；身片与袖片缝合。

5.领：共挑 69 针，编织 4cm 上针后收针。

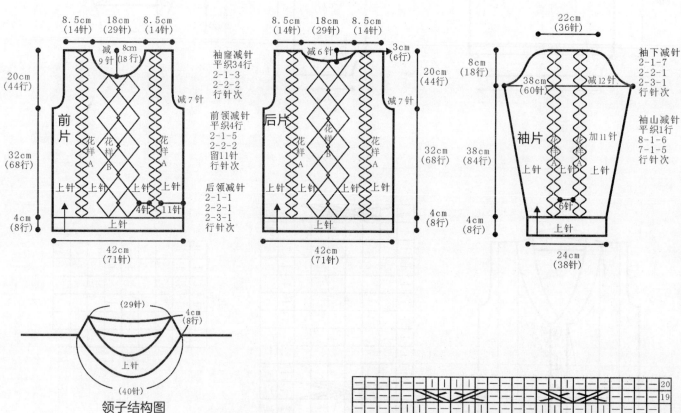

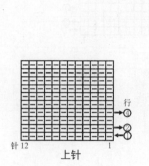

领子结构图

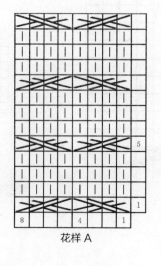

花样 A

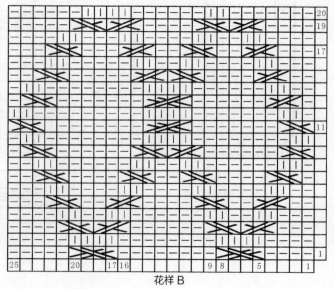

花样 B

124

宽松舒适装

【成品尺寸】衣长 68cm　胸围 96cm　袖长 14.5cm

【工具】7 号棒针

【材料】咖啡色粗毛线 750g

【密度】10cm² : 18 针 ×24 行

【制作过程】

1. 先织后片，用 7 号棒针和咖啡色粗毛线起 98 针，织 2.5cm 搓板针后，换织下针，按图示，进行两侧减针，织 49.5cm 到腋下时，开始袖窿减针，减针方法如图，减至最后留 64 针，别线穿上，待用，用相同的方法织好前片。

2. 袖片：用 7 号棒针起 64 针，织搓板针 2.5cm 后，换织下针，不加不减织 5.5cm 到腋下时，进行袖窿减针，减针方法如图示，减至最后留 40 针，别线穿上，待用，用相同的方法织好另外一只袖子。

3. 分别合并侧缝线和袖下线，并缝合袖子。

4. 用 7 号棒针分别挑起前后片和袖片留下的针数，圈织，织搓板针，边织边均匀减针，织到 12cm 时，收针，断线。

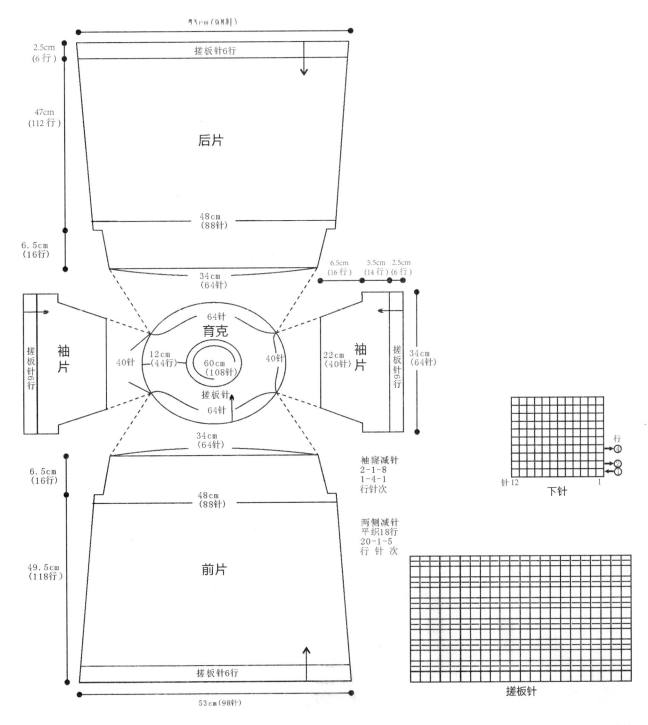

简约动感格子衫

【成品尺寸】衣长 65cm　胸围 100cm　袖长 58cm
【工具】10 号棒针
【材料】灰色含丝棉线 900g
【密度】10cm² : 24 针 ×20 行

【制作过程】

1. 前片：起 122 针，单罗纹织 7cm，花样织 28cm 后两边各留 3 针，按减针方法织 27cm，然后开前领，继续织 3cm 后收针。
2. 后片：类似前片，不同为后片开袖窿后不用开领，直接织 30cm 后收针。
3. 袖片：起 58 针，单罗纹织 7cm，花样编织 21cm 后织袖山，袖山织 30cm 后收针，减针方法如图，用相同方法织出另一片袖片。
4. 将前片和后片肩部、腋下缝合；袖片袖下缝合；袖片和身片缝合。
5. 领子：在前领、后领、两片袖处共挑 116 针，单罗纹编织 4cm 后收针。

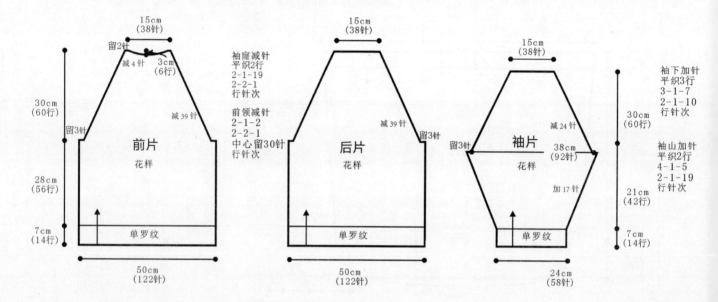

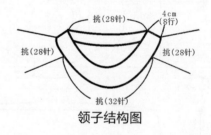

领子结构图

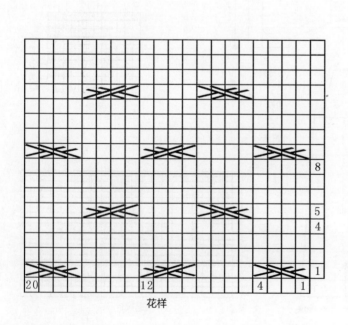

花样

单罗纹

高贵丽人连帽大衣

【成品尺寸】衣长 70cm　胸围 84cm　袖长 58cm

【工　具】10 号棒针　绣花针

【材　料】灰色棉线 900g

【密　度】10cm² : 17 针 ×20 行

【附　件】象牙扣 5 枚

【制作过程】

1. 后片：起 72 针，按花样 A 编织 8cm，往上如图按花样 B 和花样 C 编织 44cm，按袖窿减针织 16cm 后领减针减针，两边各织 2cm 后收针。

2. 前片：起 29 针，按花样 A 编织 8cm，往上如图按花样 B 和花样 C 编织 44cm，按袖窿减针织 10cm 后前领减针，织 8cm 后收针，对称织出右前片。

3. 袖片：起 36 针，按花样 A 编织 10cm，按图示上针、花样 B 和花样 C 编织并在两边同时加针，按袖下加针，织 35cm 后开袖山，进行袖山减针。用相同方法织出另一片袖片。

4. 帽片：按连帽图解编织帽子。

5. 门襟：按图示起 8 针，织 85cm 后收针，用相同方法织出另一条门襟。

6. 在左前片、右前片合适位置装上系带孔及钉上纽扣。

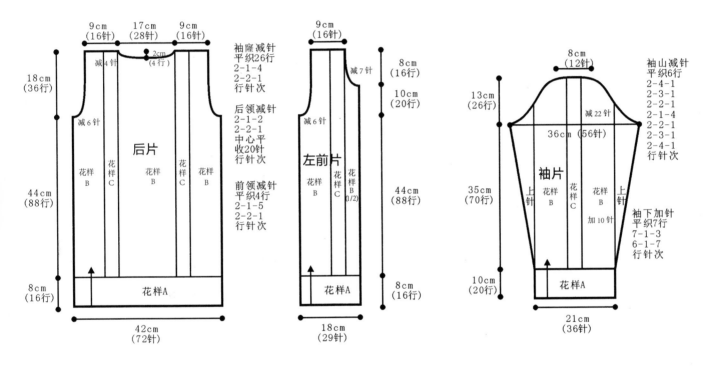

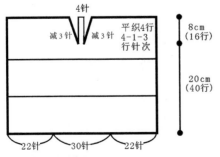

说明：前领和后领各挑 22 针，30 针，22 针。织 15cm 后中间 4 针两侧减 3 针，每 4 行减 1 针 3 次，平织 4 行，帽边缝合。

连帽图解

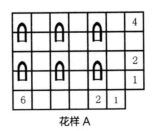

花样 A

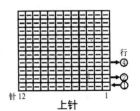

上针

衣领、门襟

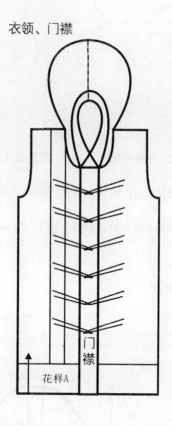

花样A

门襟

下针

85cm
(170 行)

5cm
(8针)

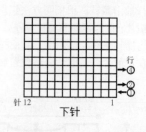

行
④
②
①
针12   1
下针

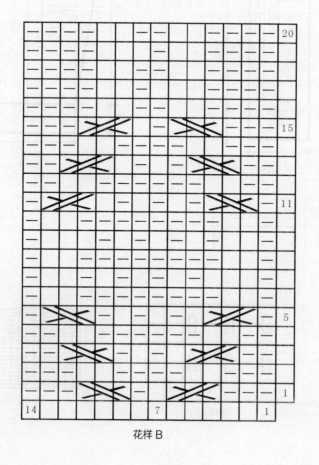

花样 B

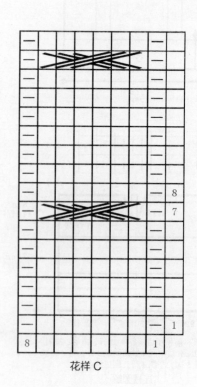

花样 C

休闲蝙蝠衫

【成品尺寸】衣长 48cm　胸围 70cm　袖长 37.5cm
【工具】9 号棒针
【材料】蓝色羊毛线 400g
【密度】10cm² : 22 针 ×32 行

【制作过程】

1. 前片：按图起 114 针，织 6cm 双罗纹后，改织花样，两边腋下同时加针，织至 24cm 时，不用加减针，此时的针数为 154 针，织至 8cm 时，开始减针织斜肩，并按图开领窝。

2. 后片：织法与前片一样。

3. 袖片：两边袖片按编织方向挑 18 针，织 20cm 双罗纹。

4. 将前后片的腋下、斜肩、袖片缝合。

5. 领圈挑 156 针，织 10cm 双罗纹，形成圆领，完成。

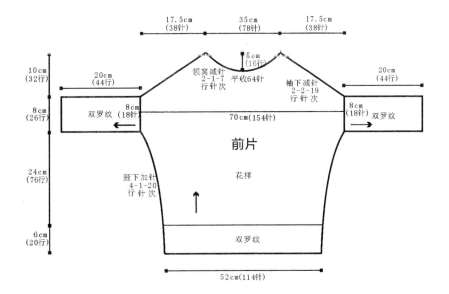

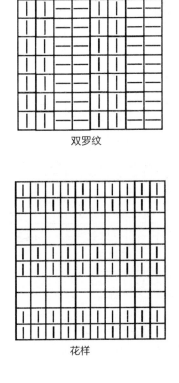

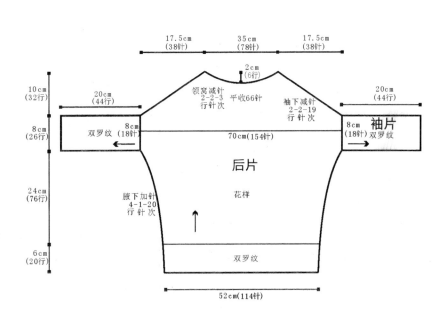

白色镂空衫

【成品尺寸】 衣长 45cm　胸围 56cm

【工具】 13 号棒针

【材料】 白色棉线 400g

【密度】 10cm² : 35 针 ×47 行

【制作过程】

1. 前、后片：从领口往下环形编织。起 104 针，织双罗纹，织 2.5cm 后，改织花样 A，共 8 组花样 A，织 12cm 后，织片变成 216 针，将织片分成前片、后片和左右袖片四部分，前后片各取 63 针，左右袖片各取 45 针编织，分配前片和后片共 126 针到棒针上，起织时每个花样的上针间隔处加 3 针，织片变成 162 针，织花样 B，同时两侧袖底各加起 18 针，环形编织，共 6 个单元花，织 24cm 后，改织双罗纹，织 6.5cm 的高度，衣身共织 45cm 长。

2. 袖片：两袖片编织方法相同，以左袖为例，分配左袖片共 45 针到棒针上，同时挑织衣身加起的 18 针，共 63 针织双罗纹，织 2cm 后，收针断线。

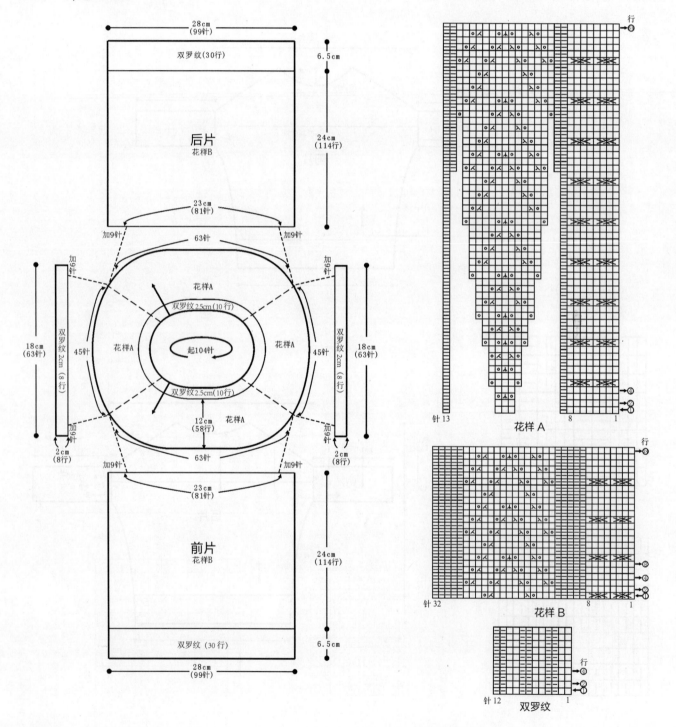

清新活泼开衫

【成品尺寸】衣长 24cm　胸围 80cm　袖长 38cm
【工具】9 号棒针　绣花针
【材料】粉红色羊毛线 300g
【密度】10cm² : 25 针 ×32 行
【附件】纽扣 1 枚

【制作过程】

1. 前片：从袖口横织，分左右两片编织。左前片：袖口按图起 30 针，织 2cm 花样 B 后，改织花样 A，织 8cm 后再改织全下针，同时腋下按图加针，织至 19cm 时，侧缝直加 20 针，继续编织 11cm 后，领部平收 15 针，并改织 7cm 花样 A，门襟再织 2cm 花样 B，全部收针断线，用同样方法反方向编织右片。

2. 后片：织法与前片一样，两片织完后中间不用织花样 B 门襟，缝合线 A 与 B 缝合，成整片后片。

3. 将前后片的肩位、侧缝、袖下全部缝合。

4. 领圈和门襟分别挑适合的针数，织 2cm 的花样 B，然后缝上纽扣，完成。

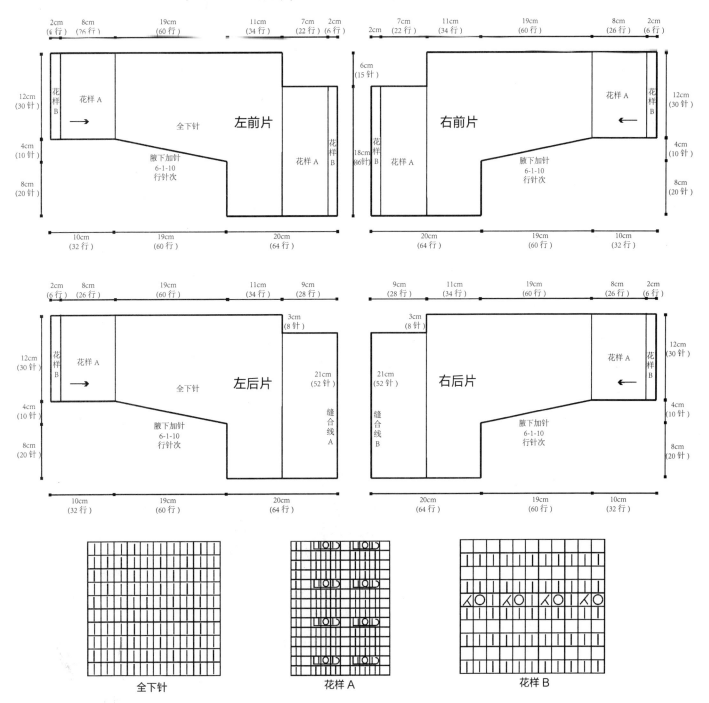

全下针　　　花样 A　　　花样 B

素雅圆领衫

【成品尺寸】衣长 54cm　胸围 96cm　袖长 11cm
【工具】9 号棒针
【材料】灰色羊毛线 350g
【密度】10cm² : 22 针 ×32 行

【制作过程】

1. 前片：按图示起 104 针，织花样 A，同时侧缝按图示减针，织至 21cm 时加针，形成收腰，再织至 15cm 时留袖窿，在两边同时各平收 5 针，然后按图示收成袖窿，再织 13cm 时留前领窝。

2. 后片：织法与前片一样，只是袖窿织至 16.5cm 时，才留领窝。

3. 袖片：按图起 70 针，织花样 B，两边同时平收 5 针，并按图收成袖山，用同样方法编织另一袖。

4. 将前后片的肩部、侧缝、袖片分别缝合。

5. 领边挑 74 针，织 3cm 全上针，形成圆领，袖口挑适合针数，织 2cm 全上针，完成。

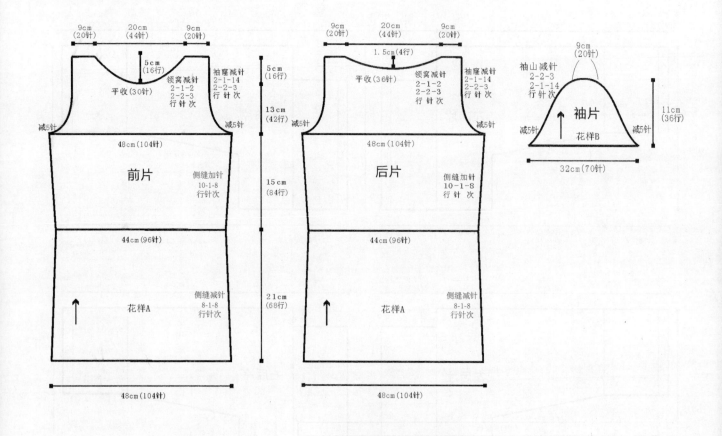

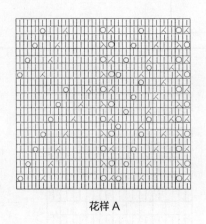

花样 A

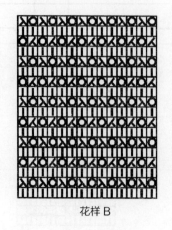

花样 B

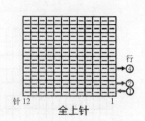

全上针

唯美短袖长裙

【成品尺寸】 衣长 82cm　胸围 74cm　袖长 19cm
【工具】 12 号棒针
【材料】 浅黄色棉线 400g
【密度】 10cm² : 22 针 × 31 行

【制作过程】

1. 前、后片：前后片编织方法一样。起 177 针织搓板针，织 2.5cm 后，改织花样，一边织一边自由分散减针，织至 63cm 的高度，织片变成 81 针，改织上针，不加减针织至 76cm 的高度，两侧各收 2 针，然后按 2-1-9 的方法减针织成插肩袖窿，同时中间平收 31 针，然后按 2-2-5、2-1-4 的方法减针织成前领，共织 82cm 的高度。

2. 袖片：起 50 针，织搓板针，织 2.5cm 后，改织上针，一边织一边两侧按 8-1-4 的方法加针，织至 13cm，织片变成 58 针，两侧各平收 2 针，然后按 2-1-9 的方法减针织成插肩袖山，共织 19cm 的高度，织片余下 36 针。

3. 领子：沿领口挑起 190 针织花样，一边织一边自由分散减针，织 18cm 的高度，织片余下 112 针，收针断线。

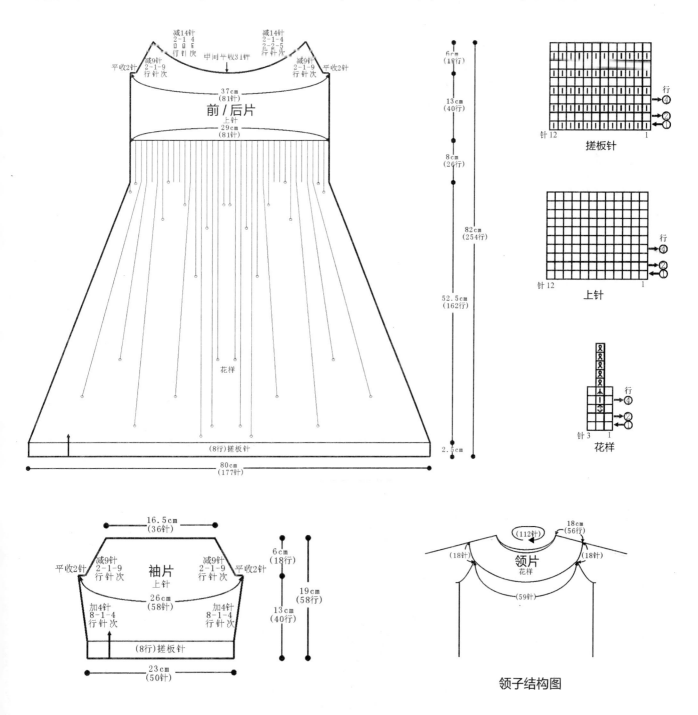

艳丽网眼装

【成品尺寸】衣长69cm　胸围98cm　袖长54cm

【工具】6号棒针　7号棒针

【材料】蓝色特色线700g

【密度】$10cm^2$: 19针×29行

【制作过程】

1. 前片：用7号棒针起92针织单罗纹4cm后，换6号棒针织花样，织到43cm处开挂肩，按图解收袖窿、收领子。
2. 后片：起针与前片相同，收领子按后片图解编织。
3. 袖片：用7号棒针起38针织单罗纹4cm后，织花样，按图解编织。
4. 前后片、袖片缝合后按图解挑领子，用7号棒针编织单罗纹4cm。

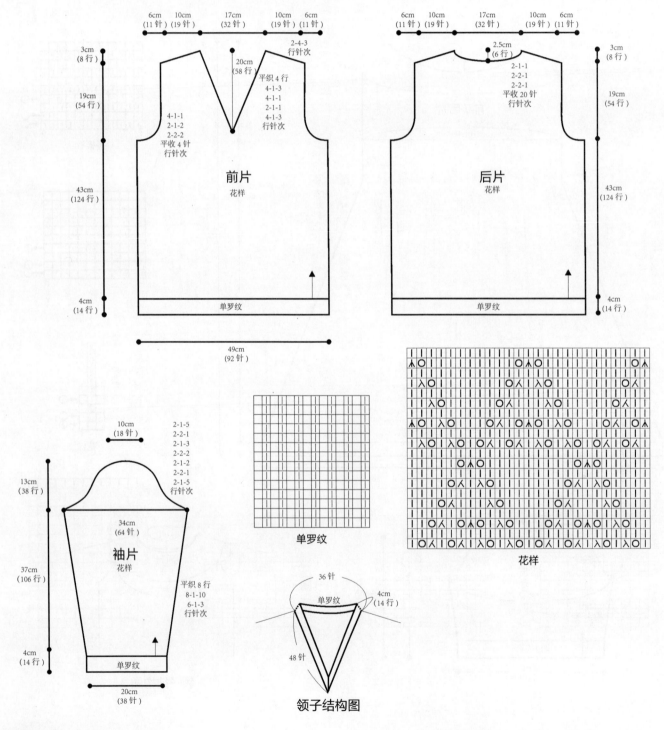

134

亮丽镂空衫

【成品尺寸】衣长 64cm　胸围 64cm
【工具】13 号棒针
【材料】黄色棉线 350g
【密度】10cm^2：28 针 ×36 行

【制作过程】

1. 衣身片：起 148 针，织搓板针，两侧按 2-1-6 的方法加针，织 3.5cm 的高度，左右两侧各织 8 针搓板针作为衣襟，中间衣身改织花样，花样的两侧按 2-1-24 的方法加针，织至 16.5cm，织片变成 196 针，右侧不加减针，衣身花样左侧按 10-1-10，14-1-2 的方法减针，织至 26.5cm 高度，将织片分成左前片、后片、右前片分别编织。右前片和后片各取 56 针，其余针数织左前片。

2. 后片：织花样，两侧袖窿边织 8 针单罗纹。右前片：织花样，左侧袖窿织 8 针单罗纹，右侧衣襟仍织 8 针搓板针。左前片：织花样，右侧袖窿织 8 针单罗纹，左侧衣襟仍织 8 针搓板针。按原来方法减针，织至 51.5cm 的高度，将三片织片连起来编织，两侧仍织 8 针搓板针，中间织花样，两侧减针，方法为 2-1-22，织至 60.5cm 的高度，中间衣身部分改织双罗纹，织至 64cm 的高度，收针断线。

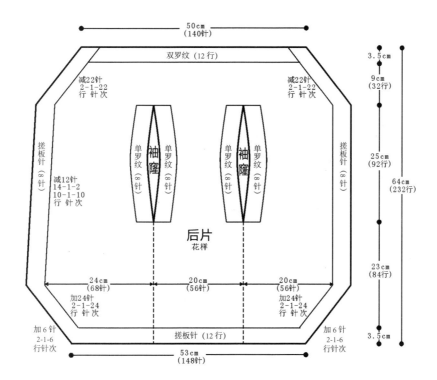

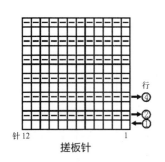

搓板针

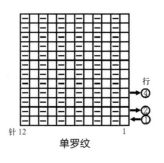

单罗纹

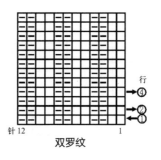

双罗纹

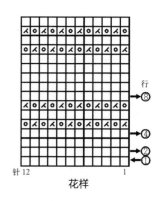

花样

气质优雅开衫

【成品尺寸】衣长40cm 胸围80cm 袖长24cm
【工具】10号棒针
【材料】粉红色棉线500g
【密度】10cm² : 24针×32行

【制作过程】

1. 后片：起98针，按花样A编织3cm，再按图示花样顺序编织，织19cm后按袖窿减针编织，织18cm后收针。

2. 前片：图示为左前片，按花样A编织3cm，往上按图示花样顺序编织19cm后按袖窿减针织10cm，再按前领减针织8cm后收针，对称织出右前片。

3. 袖片：起90针，按花样A编织3cm，然后按图示花样顺序编织，织11cm后织袖山，按袖山减针编织，织10cm后收针，用相同方法织另一片袖片。

4. 口袋：起34针，按花样A编织3cm，然后按图示花样顺序进行编织，织7cm后，收针，用相同方法织出另一片袋片。

5. 将两片前片和后片相缝合；两片袖片缝合；袖片和身片缝合。缝合时注意折起褶子，口袋安在两片前片合适位置。

6. 门襟：如左前片图，在门襟处挑78针，花样A织3cm，用相同方法织另一片。

7. 领：挑94针，按花样A编织2cm后收针。

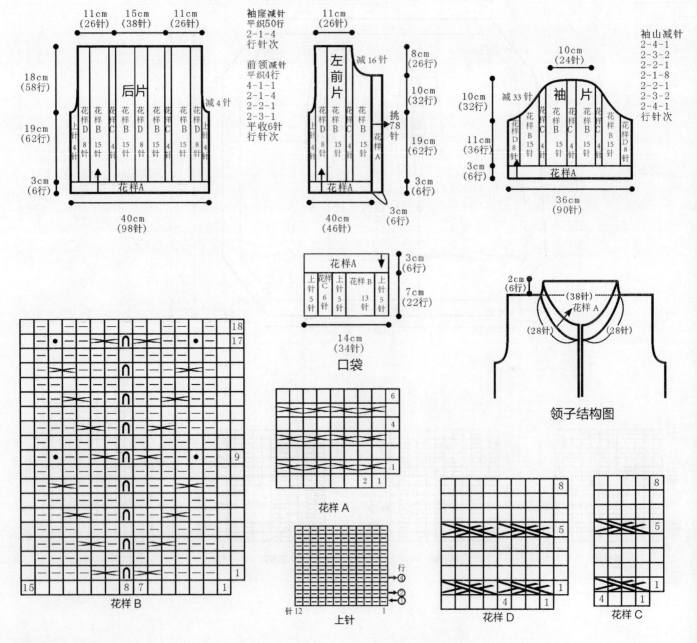

136

柔美中袖开衫

【成品尺寸】 衣长 34cm　胸围 80cm　袖长 30cm
【工具】 12 号棒针　钩针
【材料】 杏色棉线 350g
【密度】 10cm² ：29 针×36 行

【制作过程】

1. 衣摆片：起 144 针，中间织 116 针花样 A，两侧各织 14 针花样 B，一边织一边两侧加针，方法为 2-1-22，织 3cm 后，中间 116 针改织下针，织至 18cm，将织片分成左前片、右前片和后片分别编织，后片取 116 针，余下针数均分成左右前片，先织后片。

2. 后片：起织时两侧各平收 4 针，然后按 2-1-6 的方法减针织袖窿，继续往上编织至 33cm，中间平收 64 针，两侧按 2-1-2 的方法后领减针，最后两肩部各余下 14 针，后片共织 34cm。

3. 左前片：起织时右侧继续减针，左侧平收 4 针，然后按 2-1-6 的方法减针织成袖窿，织至 27.5cm，右侧减针织成前领，方法为 1-14-1，2-2-8，2-1-4，织至 34cm，最后肩部余下 14 针。

4. 右前片：与左前片编织方法相同，方向相反。

5. 袖片：起 76 针，织花样 A，织 10cm 的高度，改织 1 针，织至 19cm，两侧各平收 4 针，然后按 2-1-10 的方法减针织袖山，最后余下 32 针，袖片共织 29cm 长，完成后在袖口钩织一圈花边。

6. 衣领：沿领口挑起 152 针，织搓板针，织 2cm 的长度，再用钩针钩一圈花边。

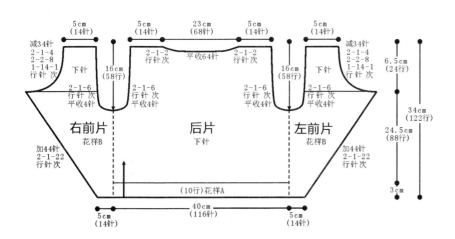

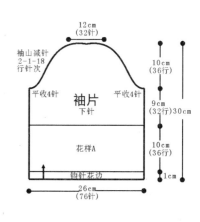

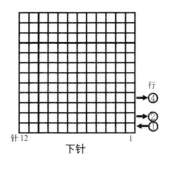

下针

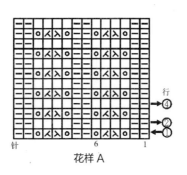

花样 A

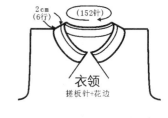

领子结构图

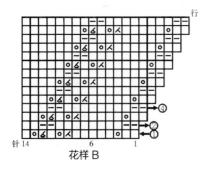

花样 B

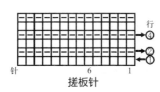

搓板针

花边

红色短袖毛衣

【成品尺寸】衣长 67.5cm　胸围 86cm

【工具】13 号棒针

【材料】红色棉线 400g

【密度】$10cm^2$：20 针 × 32 行

【制作过程】

1. 前、后片：从领口往下环形编织。起 110 针，织双罗纹，织 2.5cm 后，改织花样 A，织 17cm 后，将织片分成前片、后片和左右袖片四部分，前、后片各取 57 针，左右袖片各取 38 针，编织分配前片和后片共 114 针到棒针上，织下针，先织前片 57 针，然后加起 12 针，再织后片 57 针，加起 12 针，环形编织，以袖底 2 针作为侧缝，两侧加针，方法为 8-1-13，织 36cm 后，改织花样 B，织 5cm 的高度，改织双罗纹，共织 67.5cm 长。

2. 袖片：两袖片的编织方法相同，以左袖为例，分配左袖片共 38 针到棒针上，同时挑织衣身加起的 12 针，共 50 针织双罗纹，织 7cm 后，收针断线。

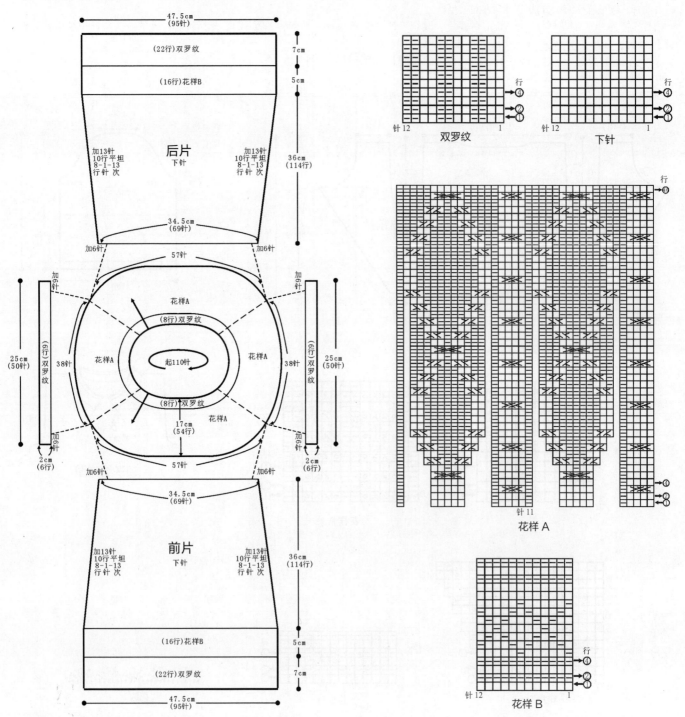

138

 俏皮短袖衫

【成品尺寸】衣长 50cm　胸围 84cm
【工具】9 号棒针
【材料】粉红色羊毛线 400g
【密度】$10cm^2$：15 针 ×26 行

【制作过程】

1. 前片：按图起 64 针，织花样，侧缝不用加减针，织至 32cm 时，在织片的中间分针，分成两片继续编织，织至 18cm 时收针断线，织片的编织过程都不用加减针。

2. 后片：按图起 64 针，织花样，侧缝不用加减针，织至 40cm 时，在织片的中间分针，分成两片继续编织，织至 10cm 时收针断线，织片的编织过程都不用加减针。

3. 将前片和后片的侧缝和肩部缝合。

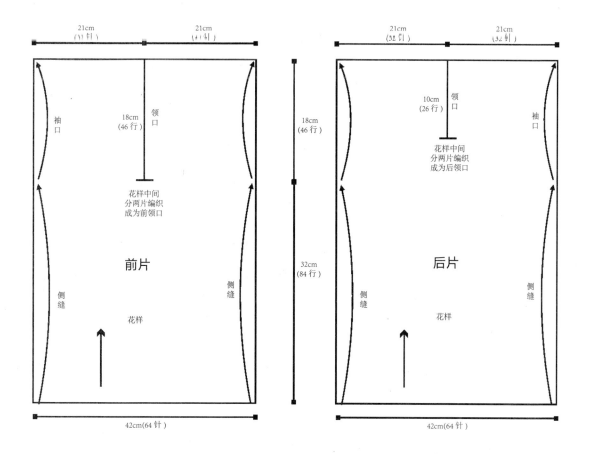

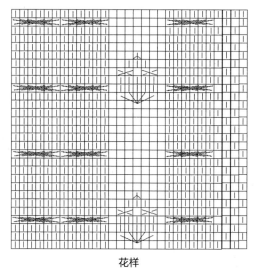

花样

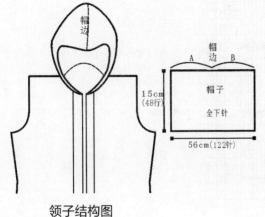

白色无袖连帽衫

【成品尺寸】衣长 65cm　胸围 96cm
【工具】10 号棒针　绣花针
【材料】白色羊毛线 400g
【密度】10cm² : 22 针 × 32 行
【附件】纽扣 4 枚

【制作过程】
1. 前片：分左右两片，分别按图起 60 针，织全下针，侧缝按图示减针，织至 47cm 时两边平收 5 针，按图收袖窿，再织 5cm 时开领窝，织至肩位余 20 针，用同样方法织另一片。
2. 后片：按图起 118 针，织全下针，侧缝按图减针，形成收腰，织至 47cm 时两边平收 5 针，收袖窿，并按图收领窝，肩位余 20 针。
3. 将前后片的肩位、侧缝全部缝合。
4. 领圈边挑 122 针，织 15cm 全下针，将帽边缝合，形成帽子。
5. 装饰：用绣花针缝上纽扣，完成。

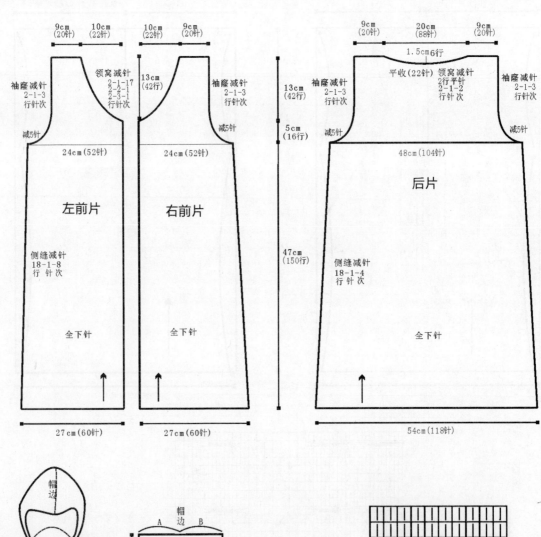

领子结构图

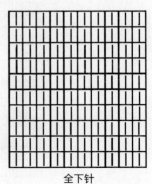

全下针

140

麻花纹连帽披肩

【成品尺寸】衣长 47cm 底边周长 104cm
【工具】9 号棒针 绣花针
【材料】灰色羊毛线 500g
【密度】10cm² : 27 针 × 32 行
【附件】纽扣 5 枚

【制作过程】

1. 从下摆向上编织，起 210 针，织 2cm 单罗纹后，改织花样，门襟两边各留 13 针麻花，一圈共 6 组针，每组 23 针，边织边在各麻花两边减针，隔 12 行减 1 次，最后减至每组剩 8 针。

2. 与两边麻花连起来共 74 针，继续编织帽子，将帽子 A 与 B 缝合。

3. 两边门襟至帽缘，挑 208 针，织 3cm 双罗纹。

4. 用绣花针缝上纽扣，完成。

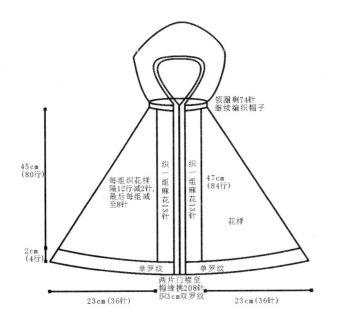

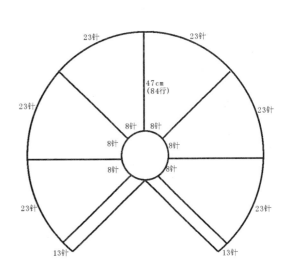

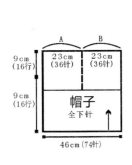

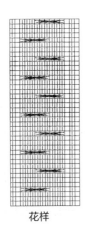

花样

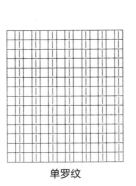

单罗纹

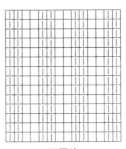

双罗纹

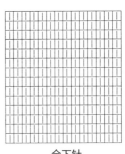

全下针

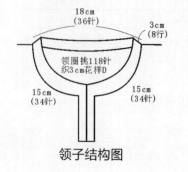

精致气质开衫

【成品尺寸】 衣长65cm　胸围96cm　袖长53cm

【工具】 10号棒针　绣花针

【材料】 翠蓝色羊毛线500g

【密度】 10cm² : 22针×32行

【附件】 纽扣4枚

【制作过程】

1. 前片：分左右两片，左前片按图起60针，织花样A，侧缝按图减针，织至47cm时两边平收5针，收袖窿，门襟留6针织花样C，再织3cm时开领窝，织至肩位余20针，用同样方法织另一片。

2. 后片：按图起120针，织花样A，侧缝按图减针，织至47cm时两边平收5针，收袖窿，并按图开领窝，肩位余20针。

3. 袖片：分上下片编织。上片，按图起56针，织花样B，袖下按图加针，织至17cm时，开始收袖山，两边各平收5针，按图示减针；下片，起62针，织25cm花样A，侧缝按图减针，将上片与下片缝合，用同样方法织另一袖。

4. 将前后片的肩位、侧缝、袖片缝合。

5. 领圈挑118针，与门襟的6针连起来，织3cm花样D，形成开襟圆领，缝上纽扣。

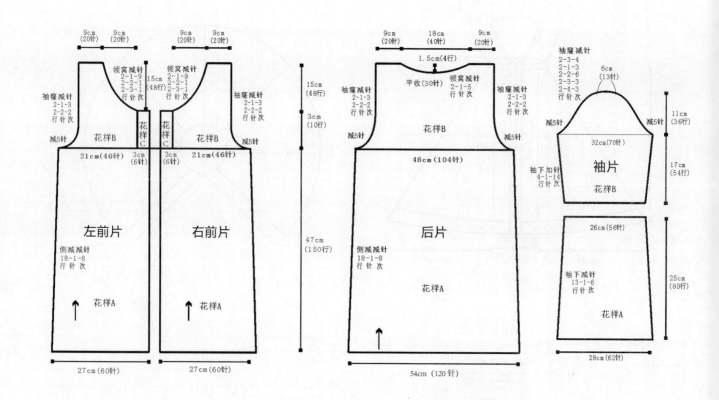

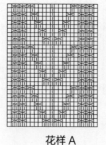
花样A

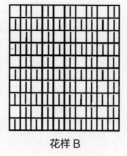
花样B

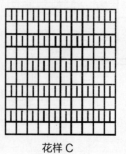
花样C

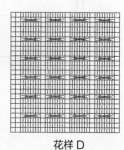
花样D

领子结构图

个性妩媚开衫

【成品尺寸】衣长 45cm　胸围 96cm
【工具】10 号棒针
【材料】白色羊毛线 400g
【密度】10cm² : 22 针 ×32 行

【制作过程】

1. 前片：分左右两片，按图起 52 针，织花样 A，门襟留 6 针织花样 C，侧缝不用减针，织至 30cm 时，两边同时各平收 5 针，收袖窿，并改织花样 B，再织 5cm 时，开领窝，织至完成，肩位余 20 针，用同样的方法反方向编织另一片。

2. 后片：按图起 104 针，织花样 C 后，侧缝不用减针，织至 16cm 时两边各平收 5 针，收袖窿，并按图收领窝，肩位余 20 针。

3. 将前后片的肩位、侧缝全部缝合。

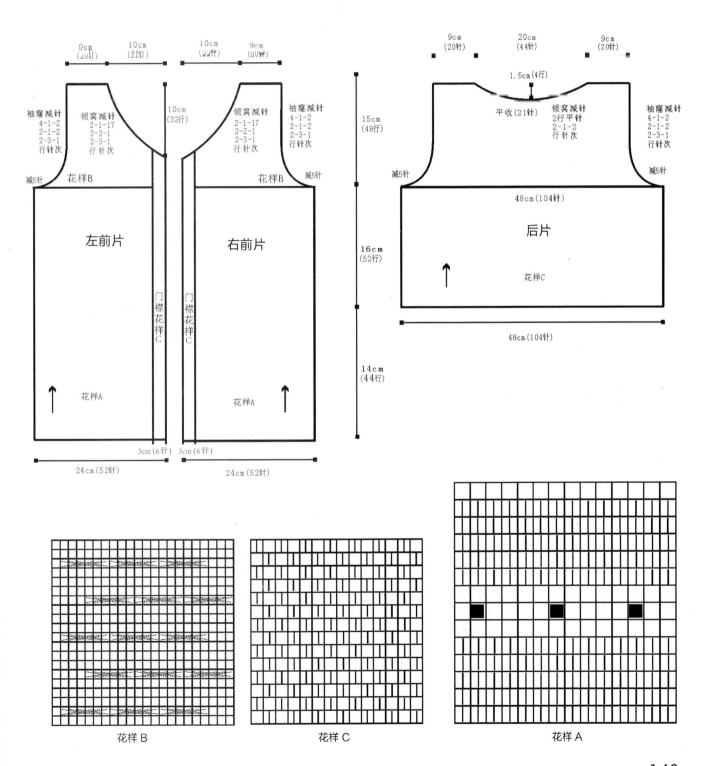

花样 B　　　花样 C　　　花样 A

温暖圆领短装

【成品尺寸】衣长 48cm　胸围 84cm　袖长 52cm

【工具】10 号棒针

【材料】浅黄色中粗棉线 650g

【密度】$10cm^2$: 11 针 ×18 行

【制作过程】

1. 前片：起 48 针，织单罗纹 3cm 后，按 4 针上针、3 组花样 A、4 针上针的顺序编织，织 27cm 后开袖窿，减针方法如图，织 11cm 后开领窝，分片编织，中心留 10 针，两边各减 6 针。

2. 后片：类似前片，不同为后片不用开领，开袖窿后直接织 18cm 收针。

3. 袖片：起 26 针，织单罗纹 3cm 后，编织花样 B，同时加针织 36cm，往上织袖山，袖山减针如图，织 13cm 后收针，用相同方法织出另一片袖片。

4. 将两片袖片袖下缝合；前片与后片肩部、腋下缝合；袖片与身片缝合。

5. 领子：共挑 52 针后，织单罗纹 3cm 后收针。

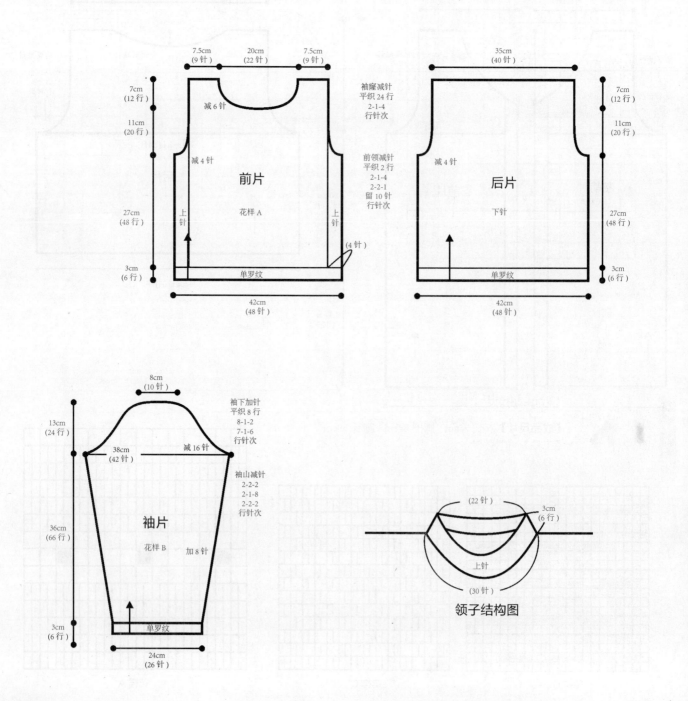

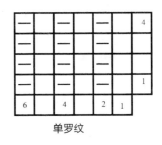

单罗纹

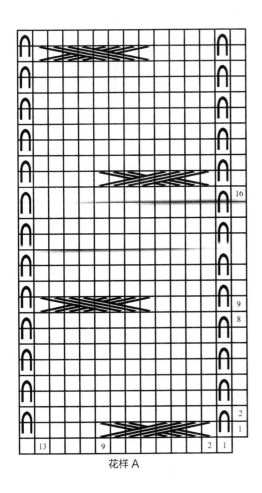

花样 A

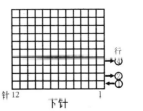

下针

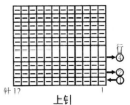

上针

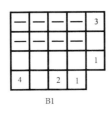

B1

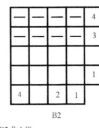

B2

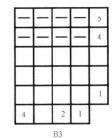

B3

袖片花样 B 说明：B1 共 3 组、B2 共 1 组、
B3 共 16 组

花样 B

优雅翻领外套

【成品尺寸】 衣长 76cm　胸围 84cm　袖长 59cm

【工具】 10 号棒针

【材料】 蓝色时装线 750g

【密度】 10cm² : 15 针 × 20 行

【制作过程】

1. 后片：起 64 针，单罗纹织 3cm，改下针编织，同时减针，织 27cm 后加针织 27cm，开袖窿，按图示减针，织 19cm 后收针。

2. 前片：起 34 针，单罗纹织 3cm，改下针编织，同时减针，织 27cm 后加针织 27cm，开袖窿织 10cm 后开领口，减针方法见图，织 9cm 后收针，用相同方法织出另一片前片。

3. 袖片：起 36 针，单罗纹织 3cm，改下针编织，同时加针，织 43cm 后减针，减针方法见图，织 13cm 后收针，用相同方法织出另一片袖片。

4. 将两片前片与后片缝合；两片袖片袖下缝合；袖片与身片缝合。

5. 领：挑 76 针，按花样编织 10cm 后收针。

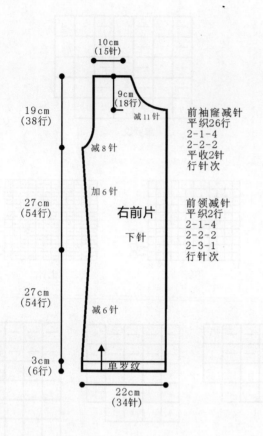

10cm
(15针)

9cm
(18行)

减11针

19cm
(38行)

减8针

前袖窿减针
平织26行
2-1-4
2-2-2
平收2针
行针次

加6针

右前片

下针

前领减针
平织2行
2-1-4
2-2-2
2-3-1
行针次

27cm
(54行)

27cm
(54行)

减6针

3cm
(6行)

单罗纹

22cm
(34针)

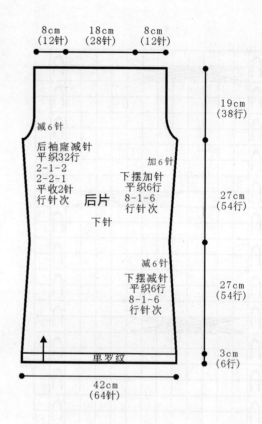

8cm
(12针)

18cm
(28针)

8cm
(12针)

减6针

后袖窿减针
平织32行
2-1-2
2-2-1
平收2针
行针次

后片

下针

加6针

下摆加针
平织6行
8-1-6
行针次

19cm
(38行)

27cm
(54行)

减6针

下摆减针
平织6行
8-1-6
行针次

27cm
(54行)

3cm
(6行)

单罗纹

42cm
(64针)

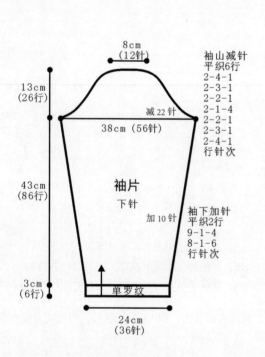

8cm
(12针)

袖山减针
平织6行
2-4-1
2-3-1
2-2-1
2-1-4
2-2-1
2-3-1
2-4-1
行针次

13cm
(26行)

减22针

38cm（56针）

43cm
(86行)

袖片

下针

加10针

袖下加针
平织2行
9-1-4
8-1-6
行针次

3cm
(6行)

单罗纹

24cm
(36针)

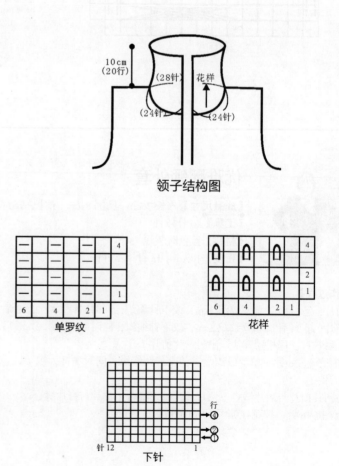

10cm
(20行)

（28针）

花样

（24针）

（24针）

领子结构图

			4
			1
6	4	2	1

单罗纹

			4
			2
			1
6	4	2	1

花样

行
④
②
①

针12   1

下针

146

长款开襟毛衣

【成品尺寸】衣长 70cm　胸围 104cm　袖长 50cm

【工具】7 号棒针

【材料】灰色毛线 800g

【密度】10cm² : 18 针 ×24 行

【制作过程】

1. 前片：用 7 号棒针起 64 针，从下往上织 9 针单罗纹，55 针下针，然后按图收针，织到 47cm 处收挂肩，按图解分别收袖窿、收领子。用同样的方法织另一片。

2. 后片：用 7 号棒针起 110 针，织下针，按后片图编织。

3. 袖片：用 7 号棒针起 42 针，织下针，织 9cm 不收不放，然后向上按图放针，收袖山。

4. 帽子：用 7 号棒针起 19 针，织 9 针单罗纹，10 针下针，按图放针编织。

5. 将前后片、袖片、帽子缝合。

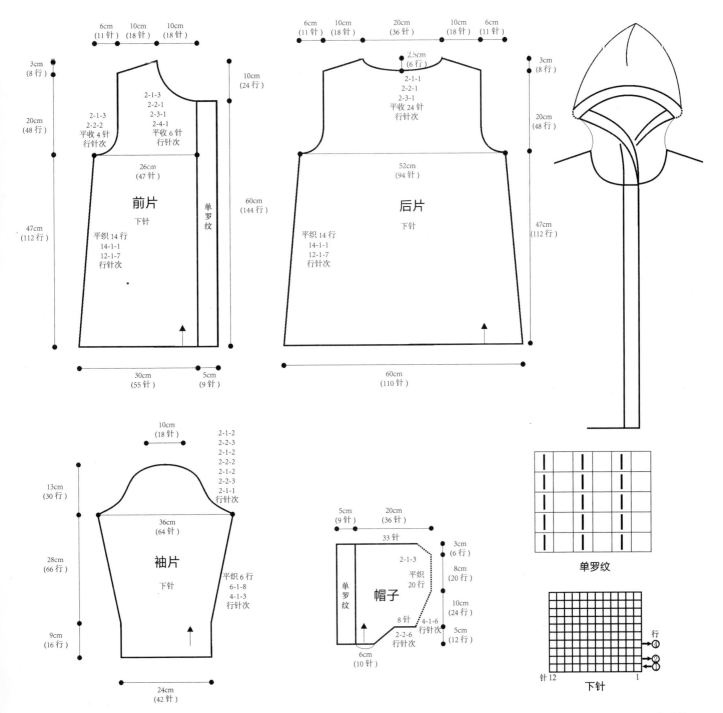

高雅短袖开衫

【成品尺寸】衣长 50cm　胸围 84cm　袖长 5cm

【工具】10 号棒针　绣花针

【材料】乳白色棉线 500g

【密度】10cm² : 15 针 × 22 行

【附件】纽扣 4 枚

【制作过程】

1. 后片：起 62 针，按花样 A 编织 5cm 后，按花样 B、花样 C、花样 D、花样 C、花样 B 的顺序编织，织 45cm 后收针。

2. 前片：起 22 针，按花样 A 编织 5cm 后，按花样 C、花样 B 的顺序编织 45cm 行后收针，对称织另一片。

3. 门襟：起 19 针，按花样 D 编织 45cm 后收针，用相同方法织出另一条。

4. 将两片前片与后片缝合。

5. 后片挑领：如领图，在后片挑 18 针后往上织 10cm 后收针。

6. 将两条门襟与两片前片和领缝合。

7. 挑袖 (圈织)：挑 54 针，按花样 A 编织 5cm 后收针，用相同方法织出另一片。

8. 用绣花针缝上纽扣。

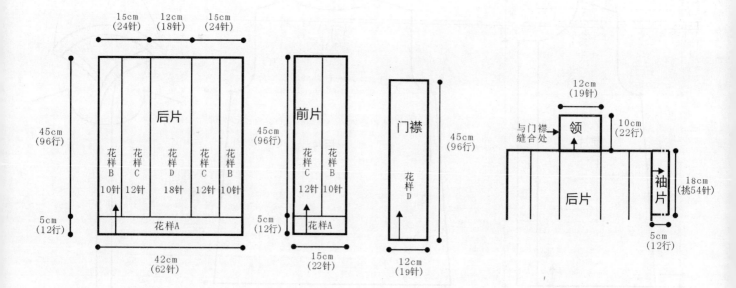

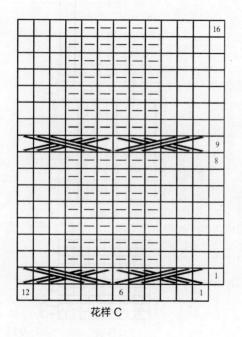

花样 C

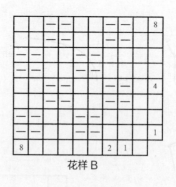

花样 B

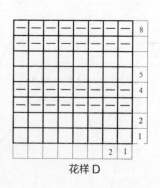

花样 D

花样 A

镂空中袖开衫

【成品尺寸】 衣长 47cm　胸围 80cm　袖长 25cm

【工具】 12 号棒针

【材料】 灰色棉线 500g

【密度】 $10cm^2$：24 针 ×36 行

【附件】 纽扣 1 枚

【制作过程】

1. 后片：起 100 针，织搓板针，织 2cm 的高度后，改织花样，织至 22cm，两侧加针，方法为 2-1-6，2-2-13，2-20-1，织至 34cm，织片变成 204 针，不加减针织至 46cm，中间平收 40 针，两侧按 2-1-2 的方法后领减针，最后两肩及袖部各余下 80 针，后片共织 47cm 长。

2. 左前片：起 46 针，织搓板针，织 2cm 的高度后，改织花样，织至 22cm，左侧加针，方法为 2-1-6，2-2-13，2-20-1，织至 31cm，右侧减针织成前领，方法为 2-1-18，织至 34cm，不加减针往上织，织至 47cm，余下 80 针，左前片共织 47cm 长。

3. 右前片：与左前片编织方法一样，方向相反。

4. 袖口：挑起 32 针，织搓板针，织 1.5cm。

5. 领子：领圈及衣襟挑起 272 针，织搓板针，共织 2cm 的长度。

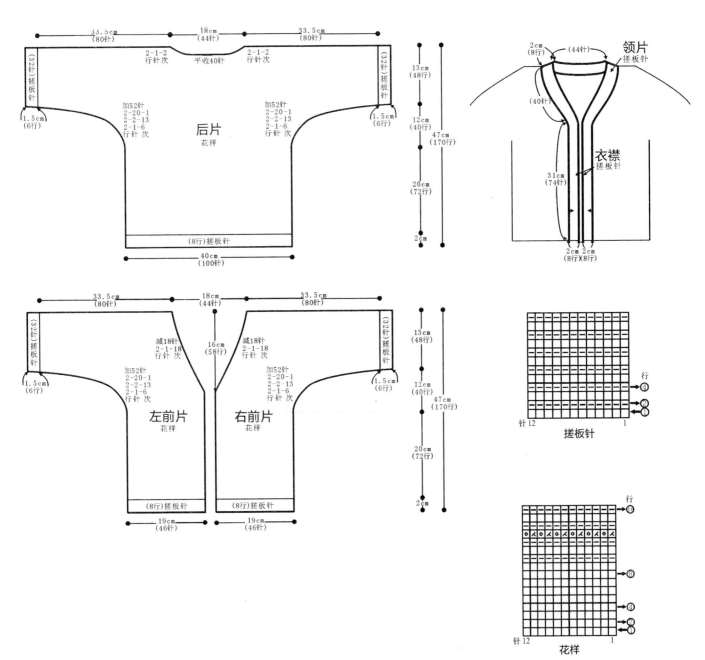

浪漫气质披肩

【成品尺寸】衣长 50cm
【工具】9 号棒针　钩针
【材料】灰色羊毛线 300g
【密度】10cm² : 25 针 ×35 行

【制作过程】

1. 前片: 按图起 200 针，织花样 A，并在两边侧缝减针，每 2 行减 2 针，织至 44cm 时开始减针开领窝。
2. 后片: 编织方法与前片一样，织至 37cm 时减针开领窝。
3. 下摆边用钩针按照花样 B 钩织花边，完成。

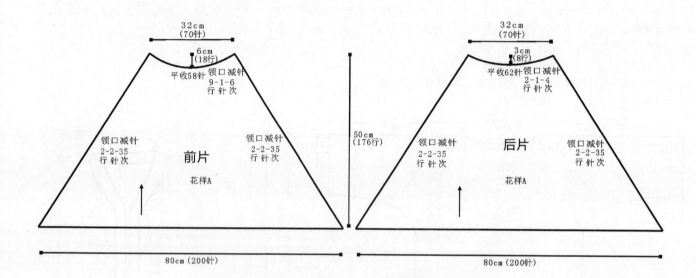

前片

32cm
(70针)

6cm
(18行)

平收58针领口减针
9-1-6
行针次

领口减针
2-2-35
行针次

领口减针
2-2-35
行针次

花样A

后片

32cm
(70针)

3cm
(8行)

平收62针领口减针
2-1-4
行针次

领口减针
2-2-35
行针次

领口减针
2-2-35
行针次

花样A

50cm
(176行)

80cm (200针)

80cm (200针)

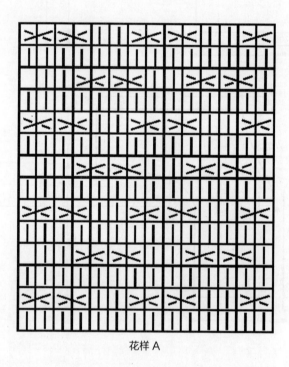

花样 A

花样 B

休闲舒适套装

【成品尺寸】 衣长 50cm　胸围 64cm　袖长 53cm　裤长 40cm　腰围 70cm

【工具】 9号棒针 绣花针

【材料】 黑色羊毛线 600g

【密度】 10cm² : 25 针 ×32 行

【附件】 纽扣 5 枚　宽紧带 1 根

【制作过程】

上衣

1. 前片：分左右两片编织，左前片按图起 40 针，织 3cm 双罗纹后，改织全下针，侧缝不用加减针，织至 29cm 时，开始减 5 针收袖窿，并同时收领窝，织至 18cm 时，肩部针数为 12 针，用同样方法，反方向编织右前片。

2. 后片：按图起 80 针，织 3cm 双罗纹后，改织全下针，侧缝不用加减针，织至 29cm 时，两边开始减 5 针收袖窿，织至 16.5cm 时收领窝，此时肩部针数为 12 针。

3. 袖片：按图起 62 针，织 3cm 双罗纹后，改织全下针，袖侧缝按图加针，织至 39cm 时，两边同时减 5 针收袖山，织至 11cm 时余 22 针。

4. 领子：门襟全领圈挑起 196 针，织 3cm 双罗纹。

5. 装饰：缝上纽扣。

裤子

1. 裤子圈织，从裤头织起，起 174 针，圈织 6cm 全下针，褶边缝合，形成双层边，用于穿宽紧带。

2. 继续圈织全下针，同时把全部针数分成两部分，定好前后裆的中点，留 1 针作为加针点，隔 8 行在两边各加 1 针，共 2 针，加 8 次。

3. 平均分成左右两个裤腿，分别继续圈织，裆位处开始减针，最后织 10cm 双罗纹，完成。

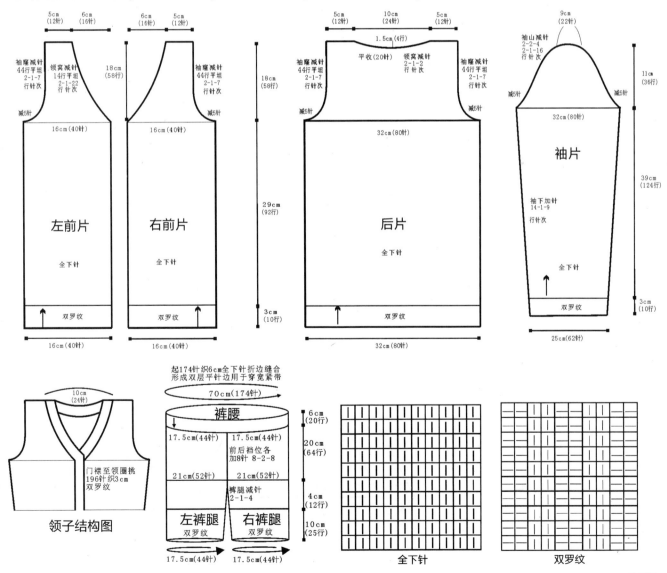

领子结构图

素雅风情披肩

【成品尺寸】 衣长 40cm 胸围 84cm
【工具】 10 号棒针
【材料】 灰色毛线 800g
【密度】 10cm² : 22 针 ×36 行

【制作过程】

1. 前片：用 10 号棒针起 132 针，织花样 21cm，前左片同前右片。
2. 后片：用 10 号棒针起针 92 针，织花样，织到 60cm 收针。
3. 前后下片：用 10 号棒针起 88 针，织花样 84cm，收针。
4. 前后片、前后下片按结构图缝合。

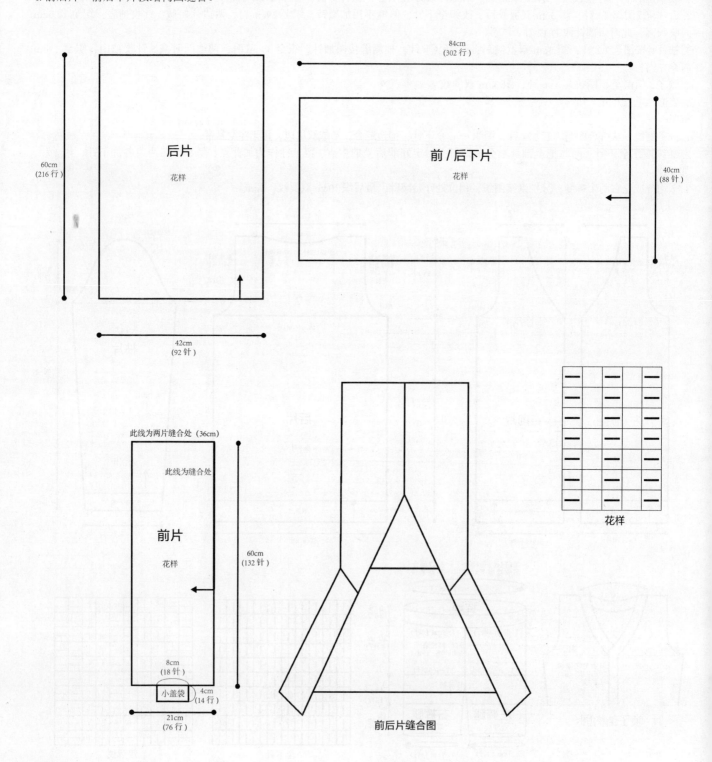

后片
花样

60cm
(216 行)

42cm
(92 针)

84cm
(302 行)

前 / 后下片
花样

40cm
(88 针)

此线为两片缝合处（36cm）

此线为缝合处

前片
花样

8cm
(18 针)

小盖袋

4cm
(14 行)

21cm
(76 行)

60cm
(132 针)

花样

前后片缝合图

152

温馨长袖装

【成品尺寸】 衣长 70cm　胸围 86cm　袖长 58cm

【工具】 10 号棒针

【材料】 灰色棉线 750g

【密度】 10cm² : 16 针 ×20 行

【制作过程】

1. 后片：起 68 针，按花样 A 编织 6cm 后，按图示编织下针、花样 C、花样 B 共 44cm，然后开始后袖窿减针，织 20cm 后收针。

2. 左前片：起 28 针，按花样 A 编织 6cm 后，按图示编织下针、花样 B、花样 D 共 44cm，然后开始前袖窿减针，织 20cm 后收针，对称织出右前片。

3. 袖片：起 34 针，按花样 A 编织 6cm 后，按图示花样及袖下加针织 32cm 后开始袖山减针，织 20cm 后收针，用相同方法织出另一片。

4. 将前片和后片腋下缝合；袖片袖下缝合。

5. 门襟：按图示织 2 条门襟，并与身片和袖片缝合。

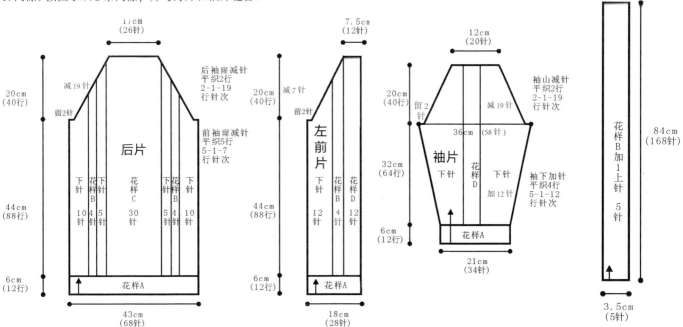

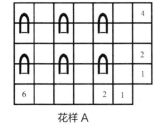

花样 A

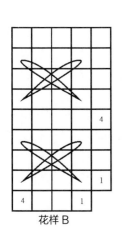

花样 B

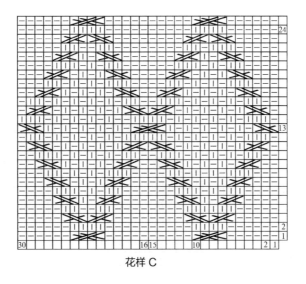

花样 C

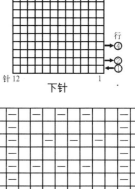

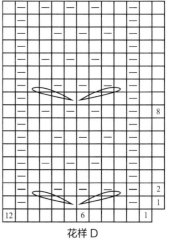

花样 D

153

时尚纯色装

【成品尺寸】衣长67cm　胸围66cm　袖长38cm

【工具】12号棒针

【材料】灰色棉线500g

【密度】10cm² : 29针×21行

【制作过程】

1. 后片：起97针，织单罗纹，织6cm的高度，改为花样A、花样B、花样C组合编织，如结构图所示，织至39cm，两侧各平收4针，继续往上编织，织至65cm，中间平收43针，两侧按2-1-2的方法后领减针，最后两肩部各余下16针，后片共织67cm长。

2. 前片：起97针，织单罗纹，织6cm的高度，改为花样A、花样B、花样C组合编织，如结构图所示，织至39cm，两侧各平收4针，继续往上编织，织至59cm，中间平收27针，两侧按2-2-2，2-1-6的方法后领减针，最后两肩部各余下16针，前片共织67cm长。

3. 袖片：起42针，织单罗纹，织8cm的高度，改织花样A，如结构图所示，一边织一边按6-1-6的方法两侧加针，织至25cm的高度，两侧各平收4针，然后按2-1-14的方法袖山减针，袖片共织38cm长，最后余下18针，将袖底缝合。

4. 领片：领圈挑起104针，织单罗纹，共织3.5cm的长度。

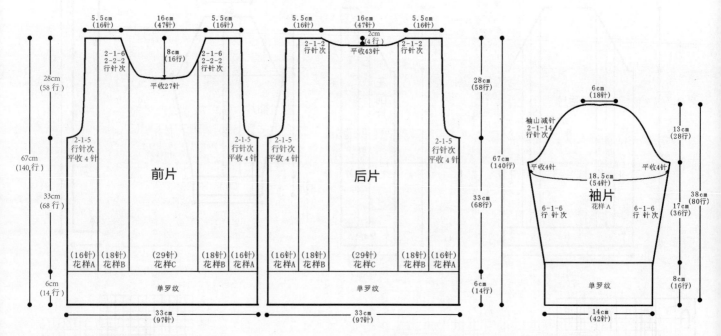

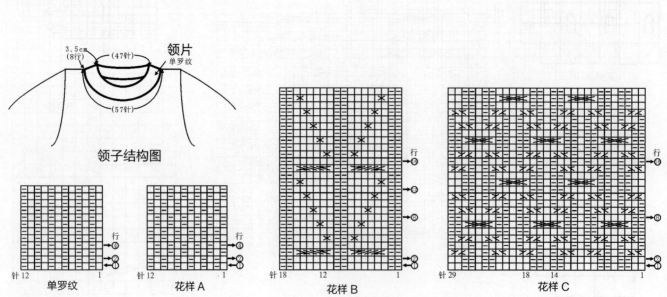

甜美小外套

【成品尺寸】衣长 45cm 胸围 92cm
【工具】7 号棒针 8 号棒针 绣花针
【材料】白色粗毛线 1300g
【密度】10cm² : 24 针 ×24 行
【附件】纽扣 4 枚

【制作过程】

1. 衣服为一片编织，横织，用 8 号棒针起 88 针，按图采用引退针法，编织 4cm 单罗纹后，换 7 号棒针，身片部分编织花样 A，育克部分编织单罗纹，不加不减织至 21cm 时，前片 52 针停织，育克部分不加不减继续织 30cm 单罗纹，作为袖窿，然后与前片的 52 针合在一起编织后片，不加不减织 46cm，后片完成，此时后片的 52 针停织，继续织育克部分，织 21cm 作为另一只袖窿，再与后片的 52 针一起编织到离门襟 2cm 时，采用退引针法，织至前片 21cm 时，换 8 号棒针编织 4cm 单罗纹，收针，断线。
2. 领片：用 8 号棒针按图编织长 104cm，宽 4cm 和长 68cm，宽 4cm 的两根长条为领子，与育克部分缝合。
3. 在相应的位置钉上纽扣。

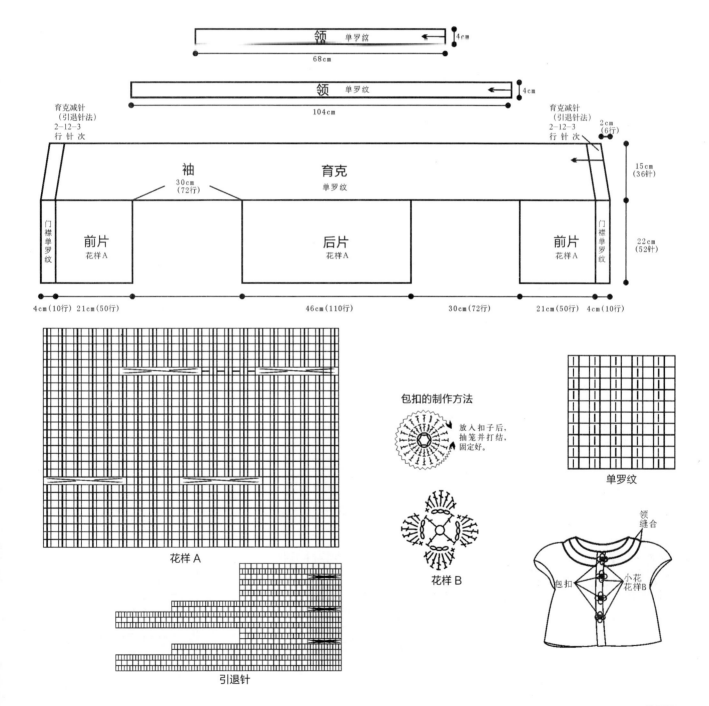

俏丽女人装

【成品尺寸】衣长 71cm　胸围 86cm　袖长 55cm

【工具】7 号棒针　8 号棒针　绣花针

【材料】黄色毛线 1300g

【密度】10cm² ：23 针 ×24 行

【附件】纽扣 5 枚

【制作过程】

1. 后片：用 7 号棒针起 98 针，编织花样，不加不减织 49cm 到腋下时，开始袖窿减针，减针方法如图，织 22cm，后领留 40 针。

2. 前片：前片分两片，用 7 号棒针起 50 针编织花样，不加不减，织 49cm 到腋下时，开始袖窿减针，织至最后 7cm 时，进行领口减针，减针方法如图，用同样的方法织好另一片。

3. 袖片：用 8 号棒针起 50 针，织 5cm 双罗纹后，换 7 号棒针均匀加针到 62 针，编织花样，按图示进行袖下加针，织 35cm 到腋下，进行袖山减针，减针方法如图示，减针完毕袖山形成，用同样的方法织好另一只袖子。

4. 分别合并侧缝线和袖下线，并缝合袖子。

5. 门襟：挑织，用 8 号棒针挑 144 针，织双罗纹 5cm，收针，断线。

6. 帽：用 7 号棒针挑 12 针，编织花样，按图示进行帽下加针，织至 30cm，进行帽顶减针，减针完毕，在帽子反面用下针缝合帽顶。

7. 在相应的位置钉上纽扣。

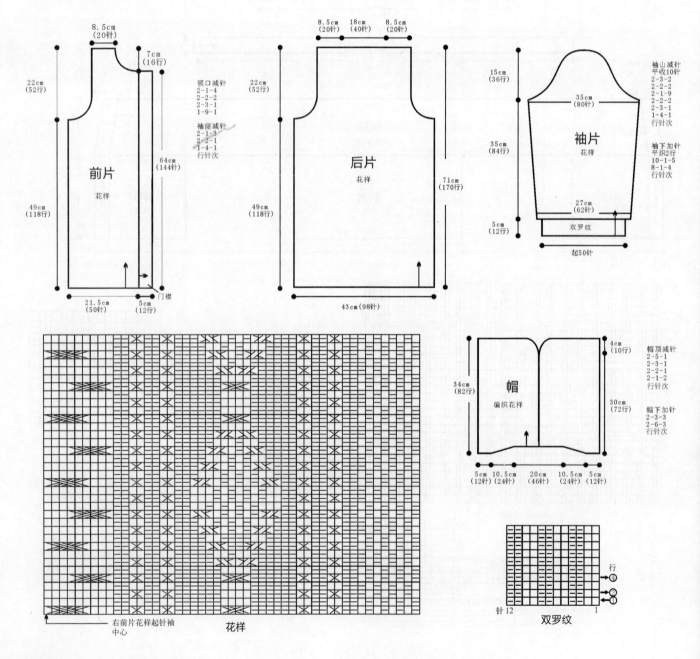

魅力小外套

【成品尺寸】 衣长58cm　胸围82cm　袖长22cm
【工具】 7号棒针　8号棒针
【材料】 蓝色毛线600g
【密度】 10cm² : 25针 ×28行

【制作过程】

1. 用7号棒针起146针，织花样，按图解两边放针，放到206针，继续织14cm，按图空袖口。

2. 袖片：用8号棒针起84针，织6cm花样，换7号棒针织平针14cm，按图解放针。

3. 将衣片、袖片缝合。

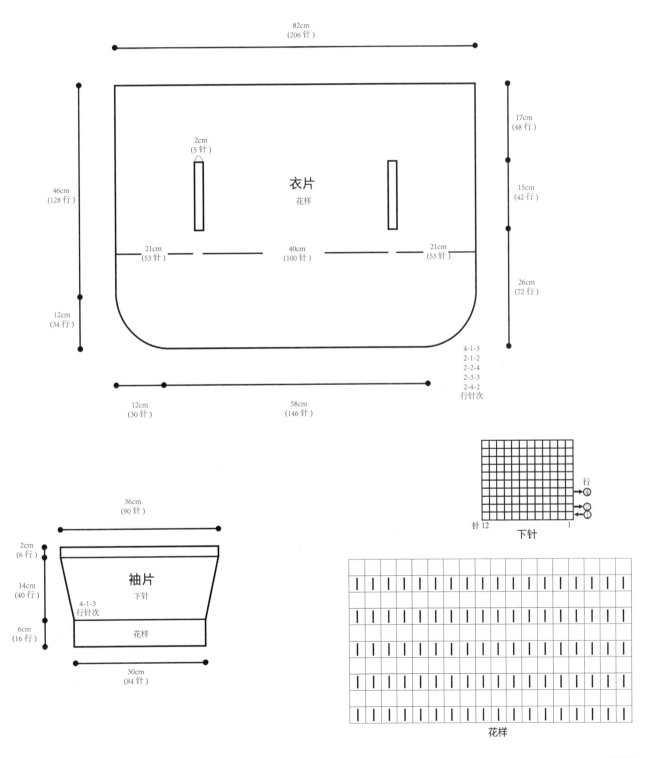

高贵大气披肩

【成品尺寸】 衣长 50cm
【工具】 6 号棒针
【材料】 白色粗毛线 750g
【密度】 10cm²：22 针 ×22 行

【制作过程】

1. 衣服为一片编织，用 6 号棒针起 306 针，编织花样，织 1.5cm 后，按图进行门襟边减针，织至 43cm 时，身片按花样均匀减针到 52 针。

2. 领：用 6 号棒针起 38 针，织 7cm 绵羊圈圈针，收针，断线。

3. 门襟：用 6 号棒针起 14 针，织 50cm 绵羊圈圈针，收针，断线。

4. 缝合领子与衣片，并缝合门襟。

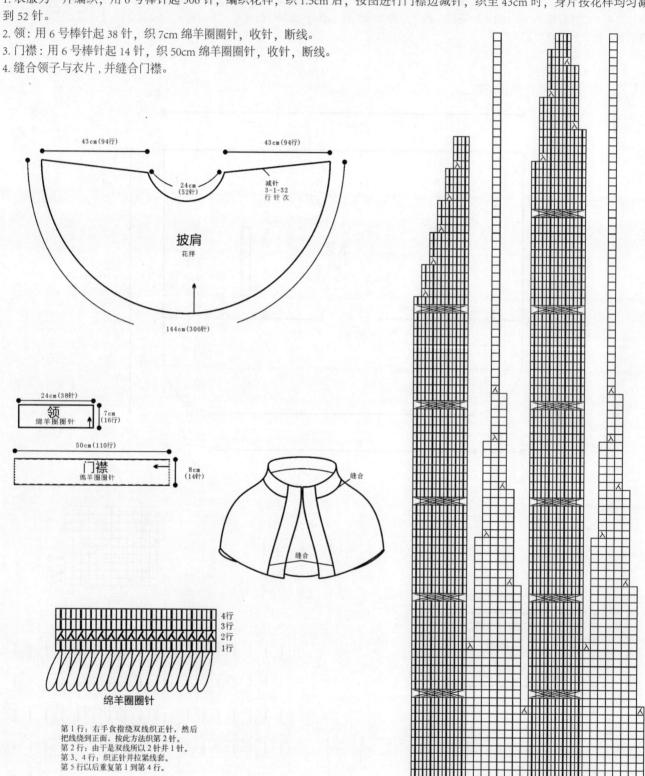

第1行：右手食指绕双线织正针，然后把线绕到正面，按此方法织第2针。
第2行：由于是双线所以2针并1针。
第3、4行：织正针并拉紧线套。
第5行以后重复第1到第4行。

个性小外套

【成品尺寸】 衣长 52cm　胸围 86cm　袖长 23cm

【工具】 11 号棒针　12 号棒针　绣花针

【材料】 米白色毛线 800g

【密度】 10cm² : 20 针 ×26 行

【附件】 黑色纽扣 3 枚

【制作过程】

1. 前片：用 12 号棒针起 42 针，从下往上织双罗纹 4cm 后，换 11 号棒针织 24cm 花样 A，再织 3cm 花样 B 开挂肩，按图解分别收袖窿、收领子。用相同织法织另一片。

2. 后片：用 12 号棒针起 86 针，从下往上织双罗纹 4cm 后，换 11 号棒针按后片图解编织。

3. 袖片：用 12 号棒针起 58 针，从下往上织双罗纹 3cm 后，换 11 号棒针织花样 B，放针，织到 7cm 处按图解收袖山。

4. 前后片、袖片缝合后按图解挑门襟，挑领，织双罗纹，收针，按图解钉上纽扣。

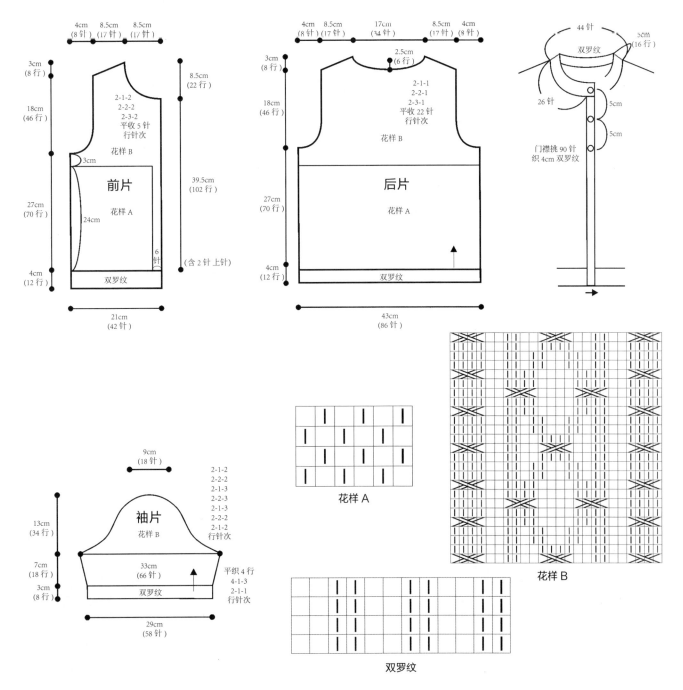

休闲长款外套

【成品尺寸】衣长 79cm　胸围 96cm　袖长 71cm

【工具】6 号棒针　7 号棒针　绣花针

【材料】灰色粗毛线 1700g

【密度】10cm² : 18 针 ×22 行

【附件】纽扣 5 枚

【制作过程】

1. 先织后片，用 7 号棒针起 90 针，织 10cm 双罗纹后，换 6 号棒针编织花样，不加不减织 47cm 到腋下，然后开始斜肩减针，减针方法如图，织至 22cm 时，后领留 36 针，待用。

2. 前片：用 7 号棒针起 40 针，织 10cm 双罗纹后，换 6 号棒针编织花样，不加不减 12.5cm，如图示，留 10cm，作为袋口，口袋编织方法如图，织到 47cm 后，开始斜肩减针，如图示，织至最后 6cm 时，进行领口减针，减针方法如图，用同样的方法织另一片前片。

3. 袖片：用 7 号棒针起 48 针，织 8cm 双罗纹后，换 6 号棒针，均匀加针到 52 针，编织花样，按图边织边加针，织 41cm 到腋下，然后进行斜肩减针，减针方法如图，肩留 14 针，待用。

4. 合并侧缝线和袖下线并缝合袖子。

5. 帽：挑织，先挑 8 针，编织花样，按图加针，织至 29cm 时，进行帽顶减针，减针方法如图，织 5cm，在帽的反面用下针缝合。

6. 门襟：挑织双罗纹。

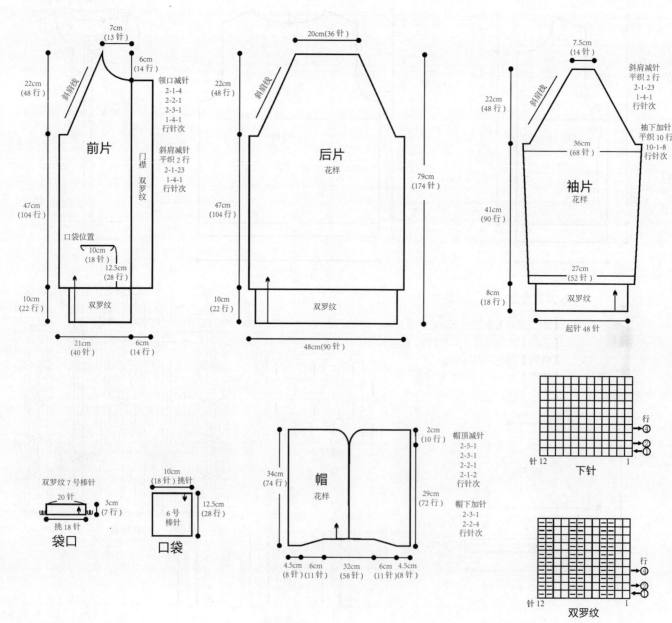

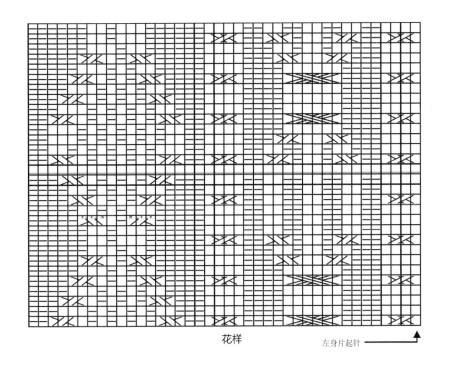

帽檐与
门襟相
连挑织
双罗纹

花样

左身片起针 ——→

知性长款毛衣

【成品尺寸】 衣长 78cm　胸围 84cm　袖长 51cm
【工具】 7 号棒针　8 号棒针　绣花针
【材料】 绿色毛线 1400g
【密度】 10cm² : 23 针 ×24 行
【附件】 纽扣 7 枚

【制作过程】

1. 后片：用 8 号棒针起 98 针，织 4cm 单罗纹后，换 7 号棒针编织花样，不加不减织 54cm 到腋下，然后开始袖窿减针，减针方法如图，织至 20cm 时，后领留 34 针。

2. 前片：分两片编织，用 8 号棒针起 58 针 (包括门襟 9 针)，织 4cm 单罗纹后，换 7 号棒针织花样，不加不减织 54cm 到腋下，然后开始袖窿减针，如图示，织至最后 7cm 时，进行领口减针，减针方法如图，用同样的方法织好另一片。

3. 袖片：用 8 号棒针起 56 针，织 4cm 单罗纹后，换 7 号棒针编织花样，按图示进行袖下加针，织 32cm 到腋下后，进行袖山减针，减针方法如图示，减针完毕袖山形成，用同样的方法织好另一只袖子。

4. 分别合并侧缝线和袖下线，并缝合袖子。

5. 帽片：用 7 号棒针挑 88 针，编织花样，不加不减织至 30cm 后，进行帽顶减针，减针完毕，在帽子反面用绣花针缝合帽顶。

6. 在相应的位置钉上纽扣。

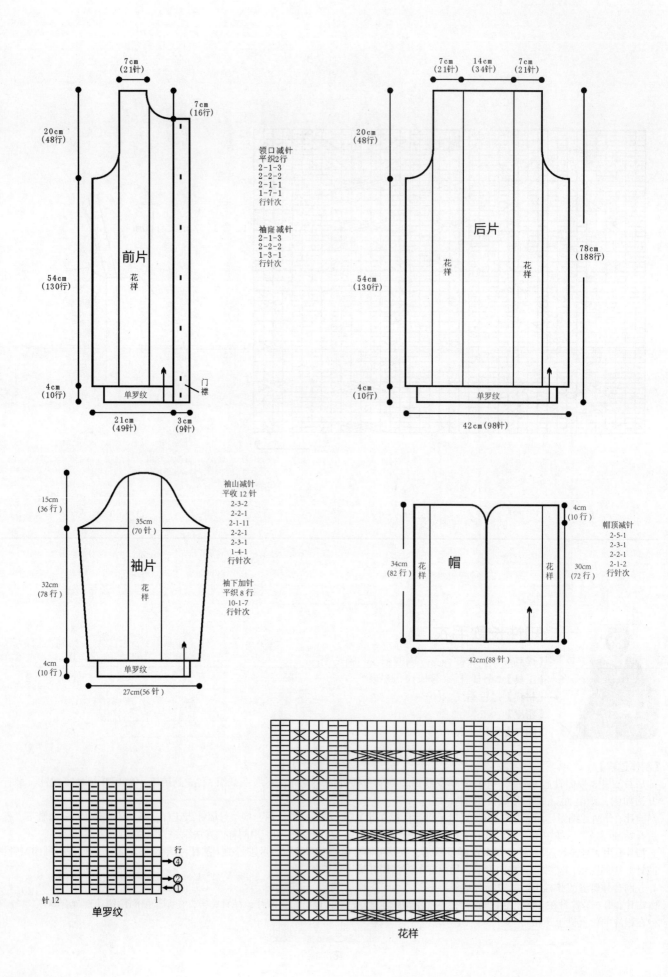

7cm
(21针)

7cm
(16行)

20cm
(48行)

前片

花样

54cm
(130行)

4cm
(10行)

单罗纹

门襟

21cm
(49针)

3cm
(9针)

领口减针
平织2行
2-1-3
2-2-2
2-1-1
1-7-1
行针次

袖隆减针
2-1-3
2-2-2
1-3-1
行针次

7cm
(21针)

14cm
(34针)

7cm
(21针)

20cm
(48行)

后片

花样

花样

54cm
(130行)

78cm
(188行)

4cm
(10行)

单罗纹

42cm(98针)

15cm
(36行)

35cm
(70针)

袖片

花样

32cm
(78行)

4cm
(10行)

单罗纹

27cm(56针)

袖山减针
平收 12 针
2-3-2
2-2-1
2-1-11
2-2-1
2-3-1
1-4-1
行针次

袖下加针
平织 8 行
10-1-7
行针次

4cm
(10行)

帽顶减针
2-5-1
2-3-1
2-2-1
2-1-2
行针次

34cm
(82行)

花样

帽

花样

30cm
(72行)

42cm(88针)

行
④
②
①

针12   1

单罗纹

花样

大气扭纹长款毛衫

【成品尺寸】衣长 75cm　胸围 100cm　袖长 55cm

【工具】5 号棒针　6 号棒针　绣花针

【材料】粉红色粗毛线 1000g

【密度】10cm² : 16 针 ×22 行

【附件】纽扣 1 枚

【制作过程】

1. 前片：用 6 号棒针起 48 针，从下往上织单罗纹 5cm，其中 8 针单罗纹一直往上织，换 5 号棒针织花样 47cm 后开挂肩，按图解分别收袖窿、收领子。用相同方法织另一片。

2. 后片：用 6 号棒针起 80 针，从下往上织单罗纹 5cm 后，换 5 号棒针按后片图解编织。

3. 袖片：用 6 号棒针起 34 针，从下往上织单罗纹 5cm 后，换 5 号棒针织花样，放针，织到 37cm 处按图解收袖山。

4. 将前后片、袖片、领子缝合，并钉上纽扣。

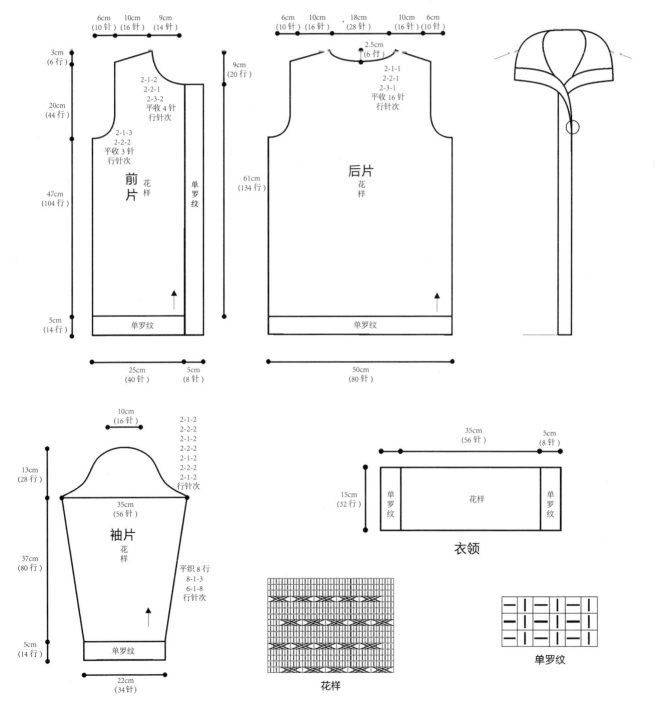

花样

单罗纹

田园长款毛衣

【成品尺寸】衣长 72cm　胸围 96cm　袖长 55cm
【工具】5 号棒针　6 号棒针　绣花针
【材料】绿色粗毛线 1000g
【密度】10cm² : 18 针 ×24 行
【附件】盘扣 5 个

【制作过程】

1. 前片：用 6 号棒针起 44 针，从下往上织双罗纹 9cm 后，换 5 号棒针织 10cm 花样 A，织口袋，继续织 30cm 花样 A 后开挂肩，按图解分别收袖窿、收领子。用相同方法织另一片。

2. 后片：用 6 号棒针起 88 针，从下往上织双罗纹 9cm 后，换 5 号棒针按后片图解编织。

3. 袖片：用 6 号棒针起 36 针，从下往上织双罗纹 9cm 后，换 5 号棒针织花样 C，放针，织到 33cm 处按图解收袖山。

4. 帽子：用 6 号棒针起 10 针，织下针，按图放针编织。

5. 将前后片、袖片、帽子缝合后按图挑门襟，织 5cm 双罗纹，收针，用 6 号棒针织 3 针圆绳 10cm，做 1 个毛线球挂在帽尖按图解钉上纽扣。

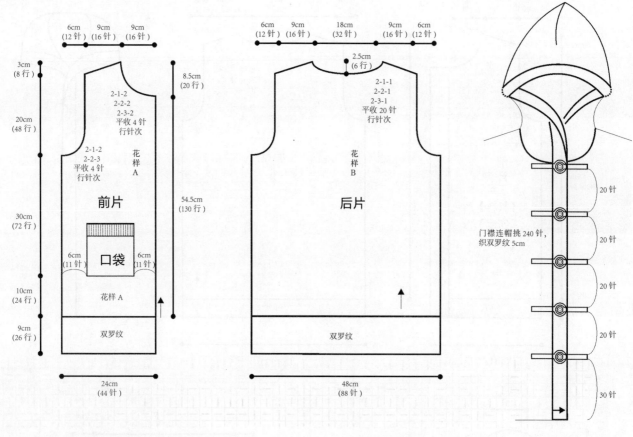

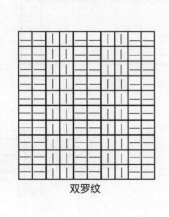

双罗纹

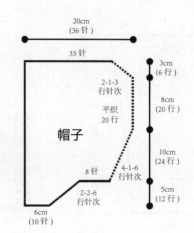

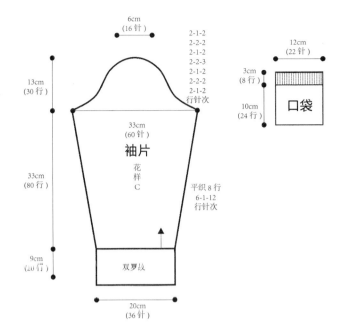

6cm
(16针)

2-1-2
2-2-2
2-1-2
2-2-3
2-1-2
2-2-2
2-1-2
行针次

13cm
(30行)

33cm
(60针)

袖片

花样
C

33cm
(80行)

平织8行
6-1-12
行针次

9cm
(20行)

双罗纹

20cm
(36针)

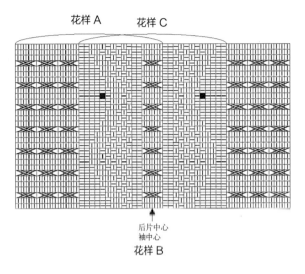

12cm
(22针)

3cm
(8行)

口袋

10cm
(24行)

花样A   花样C

后片中心
袖中心
花样B

知性圆领毛衣

【成品尺寸】 衣长58cm 胸围90cm 袖长56cm

【工具】 6号棒针 7号棒针

【材料】 蓝色毛线700g

【密度】 10cm² : 18针×26行

【制作过程】

1. 前片：用7号棒针起81针，织单罗纹6cm后，换6号棒针往上织花样，织到30cm处开挂肩，按图收袖窿、收领子。

2. 后片：起针与前片相同，按图编织。

3. 袖片：用7号棒针起36针，织单罗纹6cm后，换6号棒针织花样，按图编织。

4. 将前后片、袖片缝合，按图挑领子，用7号棒针编织单罗纹6cm。

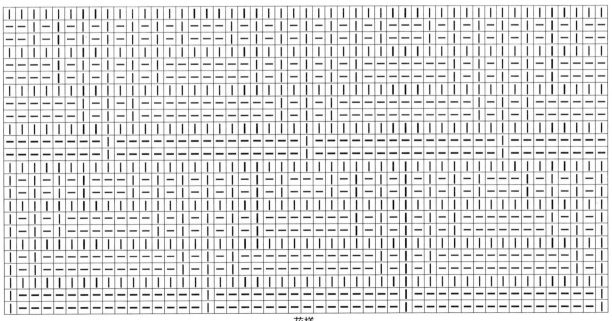

花样

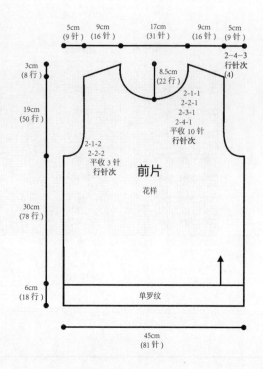

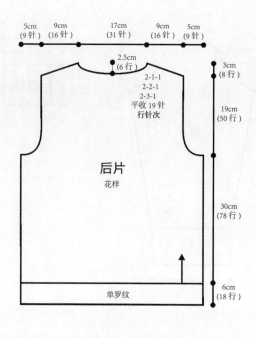

前片
花样

5cm
(9针)
9cm
(16针)
17cm
(31针)
9cm
(16针)
5cm
(9针)

3cm
(8行)

19cm
(50行)

30cm
(78行)

6cm
(18行)

45cm
(81针)

8.5cm
(22行)

2-4-3
行针次
(4)

2-1-1
2-2-1
2-3-1
2-4-1
平收10针
行针次

2-1-2
2-2-2
平收3针
行针次

单罗纹

后片
花样

5cm
(9针)
9cm
(16针)
17cm
(31针)
9cm
(16针)
5cm
(9针)

2.5cm
(6行)

3cm
(8行)

19cm
(50行)

30cm
(78行)

6cm
(18行)

2-1-1
2-2-1
2-3-1
平收19针
行针次

单罗纹

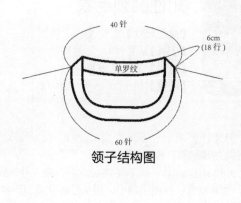

40针

6cm
(18行)

单罗纹

60针

领子结构图

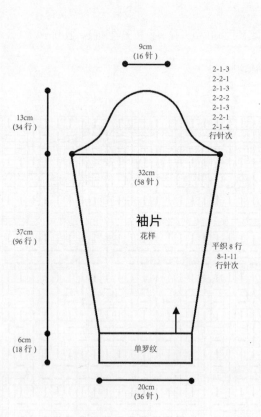

袖片
花样

9cm
(16针)

13cm
(34行)

37cm
(96行)

6cm
(18行)

32cm
(58针)

2-1-3
2-2-1
2-1-3
2-2-2
2-1-3
2-2-1
2-1-4
行针次

平织8行
8-1-11
行针次

单罗纹

20cm
(36针)

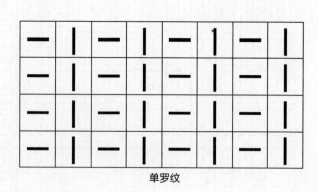

单罗纹

166

精致小短装

【成品尺寸】 衣长 54cm　胸围 86cm　袖长 30cm

【工具】 9 号棒针

【材料】 淡蓝色毛线 300g

【密度】 10cm² : 24 针 × 35 行

【制作过程】

1. 后片：用 9 号棒针起 103 针，按花样织到 34cm 处开挂肩，按图解减针。

2. 前片：起 55 针，按图解编织。

3. 袖片：起 72 针，挂肩减针等按图解编织。

4. 将前后片、衣袖缝合。

5. 领子：挑 134 针，织 8cm 单罗纹。

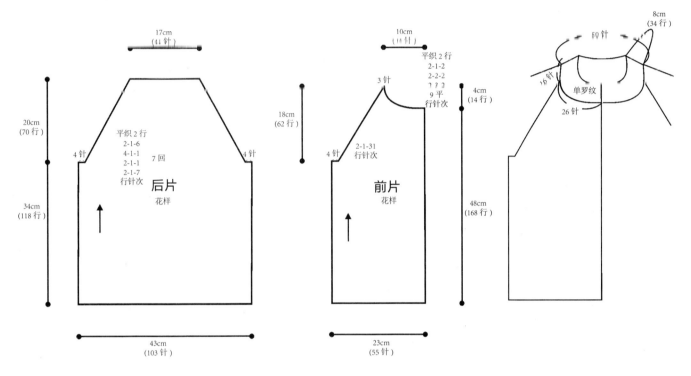

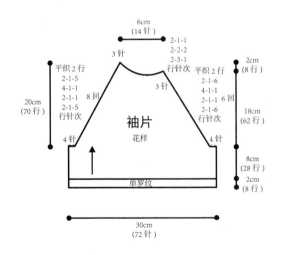

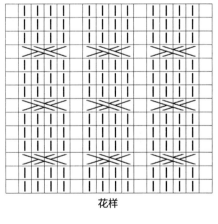

花样

单罗纹

风情小开衫

【成品尺寸】衣长 56cm　胸围 90cm　袖长 56cm
【工具】7 号棒针　8 号棒针
【材料】黑色毛线 700g
【密度】10cm² : 18 针 ×26 行

【制作过程】

1. 前片: 用 7 号棒针起 15 针平针, 按图放针, 放出的针织花样 A, 织到 28cm 处开挂肩, 按图解收袖窿、收领子。
2. 后片: 用 8 号棒针起 81 针织双罗纹, 按图解花样 C 编织。
3. 袖片: 用 7 号棒针起 56 针, 织平针, 按图解花样 B 编织。
4. 将前后片、袖片缝合后按图解挑门襟, 用 8 号棒针编织双罗纹 6cm。

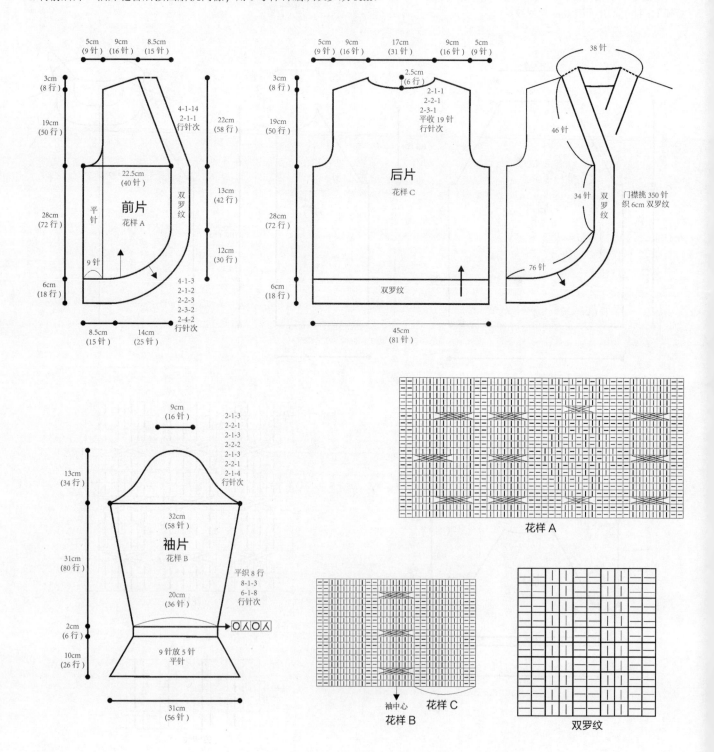

白色清新装

【成品尺寸】 衣长 57cm　胸围 96cm　袖长 49cm

【工具】 7 号棒针　8 号棒针

【材料】 白色毛线 800g

【密度】 10cm² : 21 针 ×30 行

【制作过程】

1. 前片：用 8 号棒针起 100 针，从下往上织单罗纹 4cm，换 7 号棒针织 43cm 花样 A，然后开挂肩，按图解分别收斜肩、收领子。

2. 后片：用 8 号棒针起 100 针，从下往上织单罗纹 4cm，换 7 号棒针按后片图解编织。

3. 袖片：用 8 号棒针起 52 针，从下往上织单罗纹 4cm，换 7 号棒针织花样 A，放针，织到 33cm 处按图解收袖山。

4. 育克部分：起 22 针，按编织方向织 10cm 花样 B，将两边缝合。

5. 领子：起 34 针，织 48cm 花样 D，两边缝合后，再与育克部分缝合。

6. 将前后片、袖片缝合，育克部分与前后片相对应缝合。

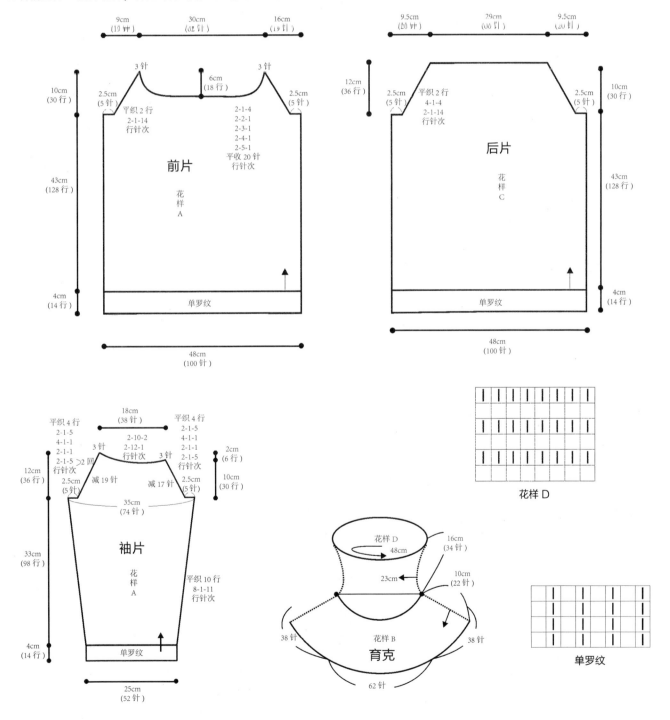

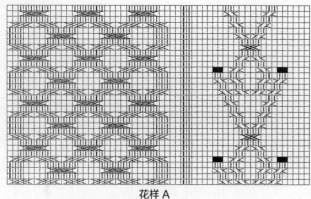

花样 A

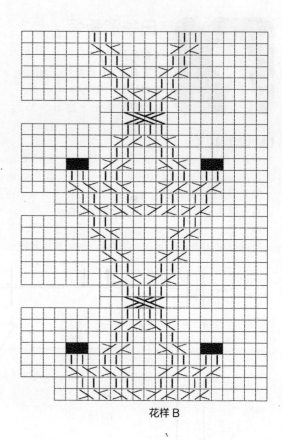

花样 B

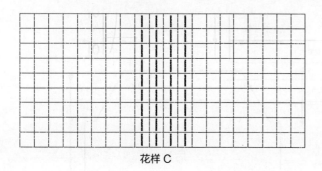

花样 C

红色性感毛衣

【成品尺寸】衣长 65cm　胸围 96cm　袖长 56cm

【工具】6 号棒针　7 号棒针

【材料】红色毛线 800g

【密度】10cm² : 20 针 ×26 行

【制作过程】

1. 前片：用 7 号棒针起 48 针，织双罗纹 6cm 后，换 6 号棒针往上织花样，织到 37cm 处开挂肩，按图解收袖窿、收领子，用相同方法织另一片。

2. 后片：起针 96 针，织法与前片同，收领子按后片图编织。

3. 袖片：用 7 号棒针起 40 针，织花样，按图编织。

4. 前后片、袖片缝合后按图挑门襟，与领部一起挑起，用 7 号棒针编织双罗纹 5cm。

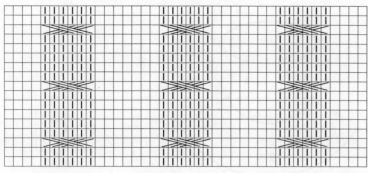

花样

双罗纹

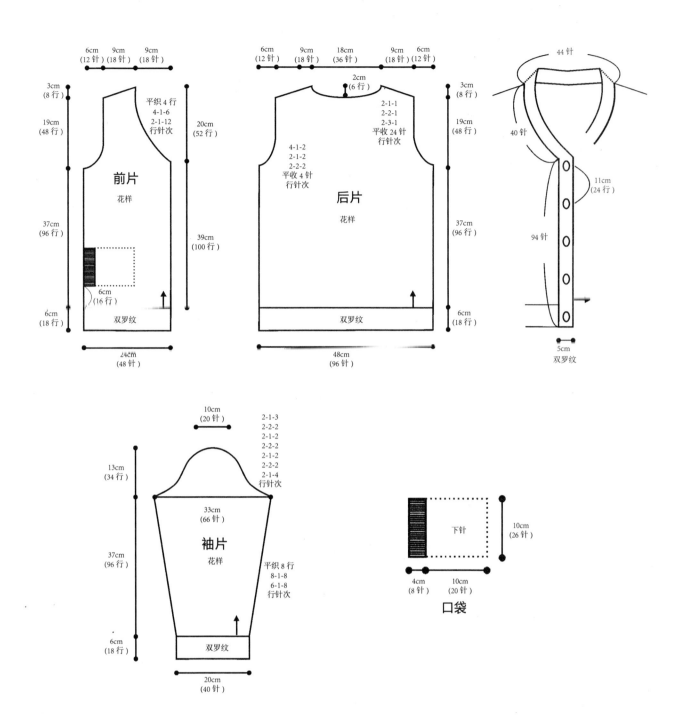

| 6cm
(12针) | 9cm
(18针) | 9cm
(18针) |

3cm
(8行)

19cm
(48行)

平织 4 行
4-1-6
2-1-12
行针次

20cm
(52行)

前片

花样

37cm
(96行)

6cm
(16行)

39cm
(100行)

6cm
(18行)

双罗纹

24cm
(48针)

| 6cm
(12针) | 9cm
(18针) | 18cm
(36针) | 9cm
(18针) | 6cm
(12针) |

2cm
(6行)

3cm
(8行)

2-1-1
2-2-1
2-3-1
平收 24 针
行针次

4-1-2
2-1-2
2-2-2
平收 4 针
行针次

19cm
(48行)

后片

花样

37cm
(96行)

6cm
(18行)

双罗纹

48cm
(96针)

44针

40针

11cm
(24行)

94针

5cm
双罗纹

10cm
(20针)

2-1-3
2-2-2
2-1-2
2-2-2
2-1-2
2-2-2
2-1-4
行针次

13cm
(34行)

33cm
(66针)

袖片

花样

37cm
(96行)

平织 8 行
8-1-8
6-1-8
行针次

6cm
(18行)

双罗纹

20cm
(40针)

10cm
(26针)

下针

4cm
(8针)　10cm
(20针)

口袋

妩媚长款毛衣

【成品尺寸】衣长 70cm　胸围 92cm　袖长 54cm

【工具】5 号棒针　6 号棒针　绣花针

【材料】驼色粗毛线 900g

【密度】10cm^2：18 针 ×24 行

【附件】纽扣 5 枚

【制作过程】

1. 前片:用 6 号棒针起 40 针,从下往上织 6 行下针,双罗纹 7cm,换 5 号棒针织 38cm 花样 A,然后开挂肩,按图解分别收袖窿、收领子。用相同织法织另一片。

2. 后片:用 6 号棒针起 82 针,下针与双罗纹织法与前片相同,换 5 号棒针按后片图解编织。

3. 袖片:用 6 号棒针起 36 针,下针与双罗纹织法与前片相同,换 5 号棒针按袖片图解编织,收袖山。

4. 前后片、袖片、口袋、帽子缝合后按图挑门襟,织 5cm 双罗纹,织 6 行下针后收针,钉上纽扣。

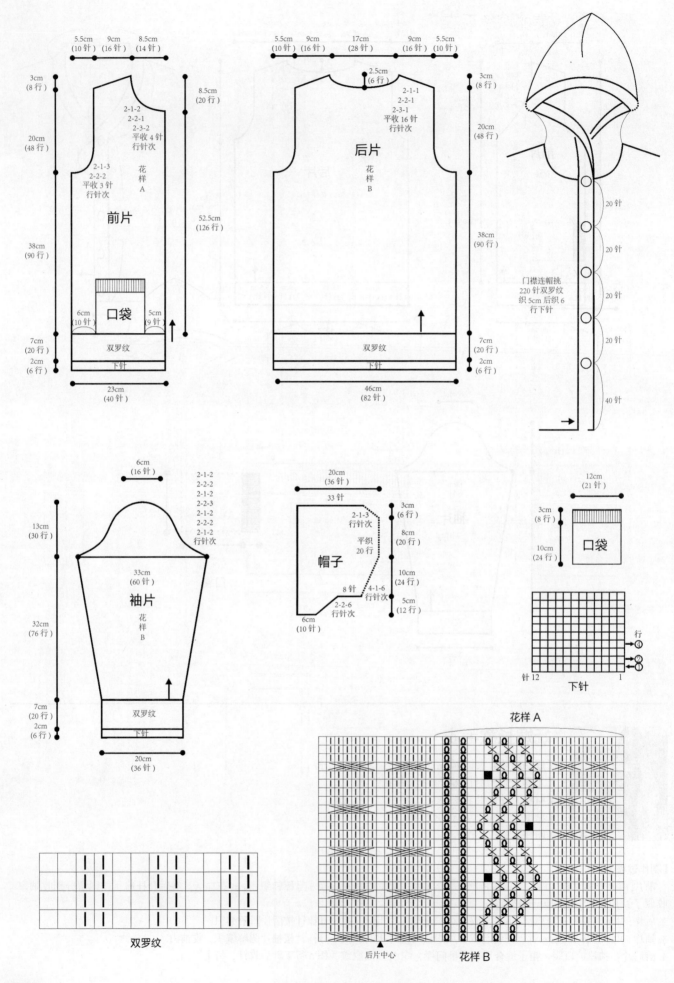

5.5cm (10针) 9cm (16针) 8.5cm (14针)

3cm (8行)
20cm (48行)
38cm (90行)
7cm (20行)
2cm (6行)

8.5cm (20行)
52.5cm (126行)

2-1-2
2-2-1
2-3-2
平收4针
行针次
花样A

2-1-3
2-2-2
平收3针
行针次

前片

6cm (10针)   口袋   5cm (9针)

双罗纹
下针

23cm (40针)

5.5cm (10针) 9cm (16针) 17cm (28针) 9cm (16针) 5.5cm (10针)

2.5cm (6行)

2-1-1
2-2-1
2-3-1
平收16针
行针次

后片
花样B

3cm (8行)
20cm (48行)
38cm (90行)
7cm (20行)
2cm (6行)

双罗纹
下针

46cm (82针)

门襟连帽挑
220针双罗纹
织5cm 后织6
行下针

20针
20针
20针
20针
20针
40针

6cm (16针)

2-1-2
2-2-2
2-1-2
2-2-3
2-1-2
2-2-2
2-1-2
行针次

13cm (30行)
32cm (76行)
7cm (20行)
2cm (6行)

33cm (60针)

袖片
花样B

双罗纹
下针

20cm (36针)

20cm (36针)
33针

帽子

2-1-3
行针次

平织
20行

8针   4-1-6
行针次
6cm   2-2-6
(10针)   行针次

3cm (6行)
8cm (20行)
10cm (24行)
5cm (12行)

12cm (21针)

3cm (8行)
10cm (24行)

口袋

针12   1
下针

行
④
②
①

花样A

花样B

双罗纹

后片中心

美丽深色毛衣

【成品尺寸】衣长 68cm　胸围 90cm　袖长 56cm
【工具】6 号棒针　7 号棒针　绣花针
【材料】灰色毛线 800g
【密度】10cm² : 16 针 ×24 行
【附件】黑色纽扣 5 枚

【制作过程】
1. 前片: 用 6 号棒针起 36 针, 从下往上织 22cm 花样 A, 换 7 号棒针织 8cm 花样 B 后, 继续织 15cm 花样 A, 开挂肩, 按图解分别收袖窿、收领子。用相同方法织另一片前片。
2. 后片: 用 6 号棒针起 72 针, 与前片一样的织法, 后领按图解编织。
3. 袖片: 用 6 号棒针起 32 针, 从下往上织 7cm 花样 B, 换 6 号棒针按花样 A 织 36cm 后按图解收袖山。
4. 将前后片、袖片、帽子缝合, 用棒针织 3 针圆绳 130cm, 做 4 个毛线球, 2 个挂在胸前, 2 个钉在帽尖, 钉上纽扣, 腰带按图解编织。

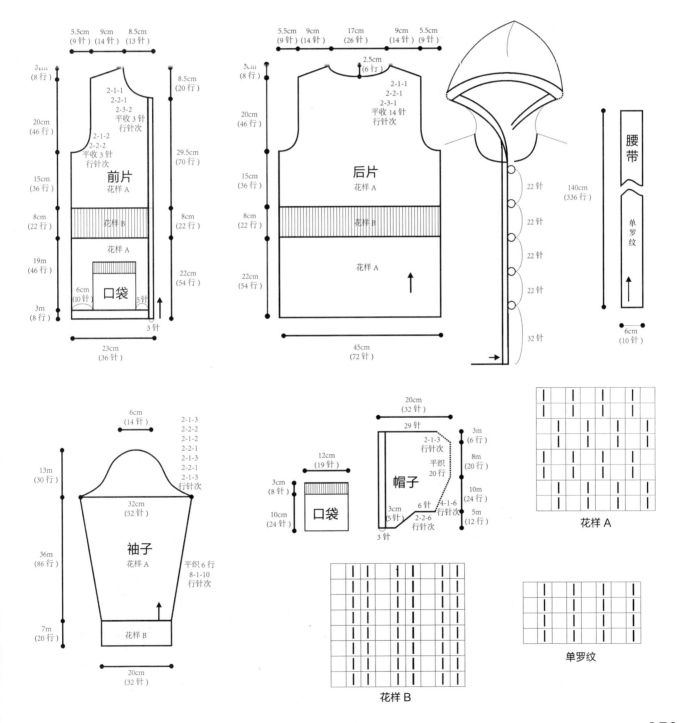

时髦蝙蝠毛衣

【成品尺寸】衣长 48cm 胸围 88cm 袖长 48cm
【工具】9 号棒针 10 号棒针
【材料】灰色毛线 600g
【密度】10cm² : 22 针 × 32 行

【制作过程】
1. 后片: 用 10 号棒针起 97 针, 织 5cm 花样 C 后, 换 9 号棒针按图解分别织花样 A 并减针。
2. 前片: 用 10 号棒针起 59 针, 织 5cm 花样 C 后, 换 9 号棒针织花样 B, 按图减针。
3. 袖片: 起 97 针, 按图减针。
4. 将前后片、衣袖缝合后, 织衣领带子, 缝在领部。

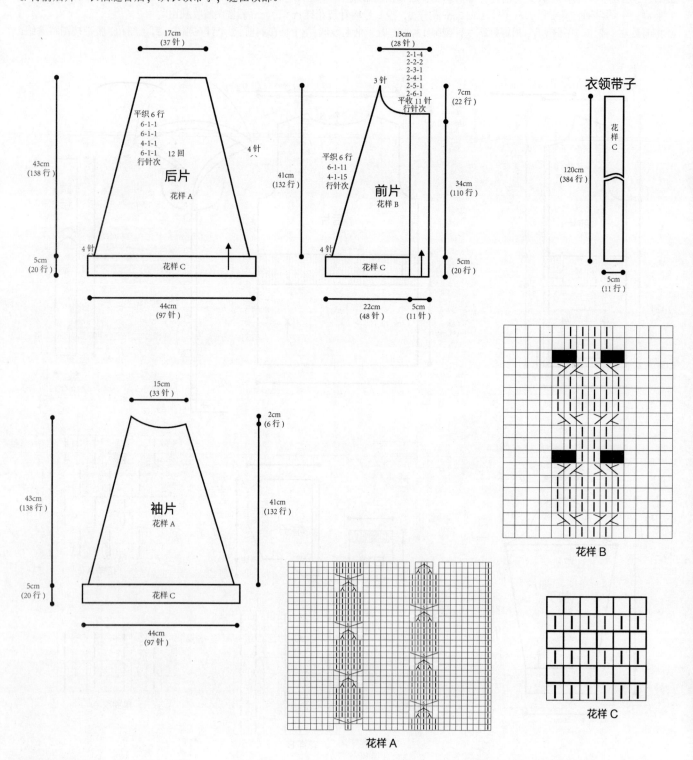

花样 A

花样 B

花样 C

窈窕系带毛衣

【成品尺寸】衣长 72cm　胸围 96cm　袖长 55cm
【工具】6 号棒针　7 号棒针　绣花针
【材料】粉红色粗毛线 1000g
【密度】10cm² : 18 针 × 24 行
【附件】纽扣 5 枚

【制作过程】

1. 前片：用 7 号棒针起 44 针，从下往上织 9cm 花样 A，换 6 号棒针织 10cm 花样 C，继续织 30cm 花样 C 后开挂肩，按图分别收袖窿、收领子。用相同方法织另一片。

2. 后片：用 7 号棒针起 88 针，织 9cm 花样 A，换 6 号棒针编织花样 B，并按图收袖窿、收领子。

3. 袖片：用 7 号棒针起 36 针，从下往上织 9cm 花样 A，换 6 号棒针织花样 C，放针，织到 33cm 处按图解收袖山。

4. 前后片、袖片、领子缝合后按图解挑门襟，织 5cm 花样 A，收针，按图钉上纽扣。

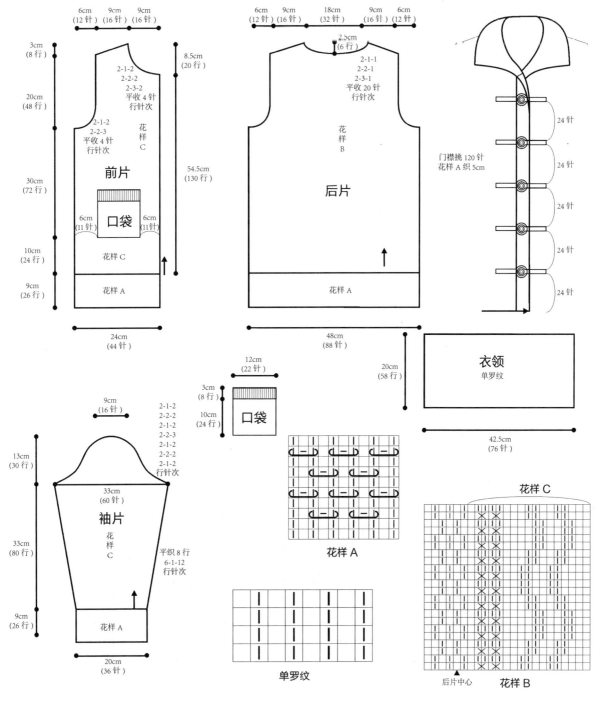

优雅高领装

【成品尺寸】衣长 66cm　胸围 70cm　袖长 66cm
【工具】9 号棒针　10 号棒针
【材料】灰色夹花中粗毛线 750g
【密度】10cm² : 36 针 × 35 行

【制作过程】

1. 先织后片，用 10 号棒针和灰色夹花毛线起 125 针，织 9cm 双罗纹后，换 9 号棒针编织花样，不加不减织 36cm 到腋下，进行斜肩减针，如图，后领留 41 针。

2. 前片：编织方法与后片相同，只是织到最后 5cm 时，进行领口减针，减针方法如图。

3. 袖片：用 10 号棒针和灰色夹花毛线起 75 针，织 6cm 双罗纹后，换 9 号棒针编织花样，按图加针，织 39cm 加针到 107 针，开始斜肩减针，减针方法如图，肩留 23 针。

4. 缝合侧缝线和袖下线并缝合袖子。

5. 领子：用 10 号棒针挑织双罗纹，如图，不加不减织 17cm，收针，断线。

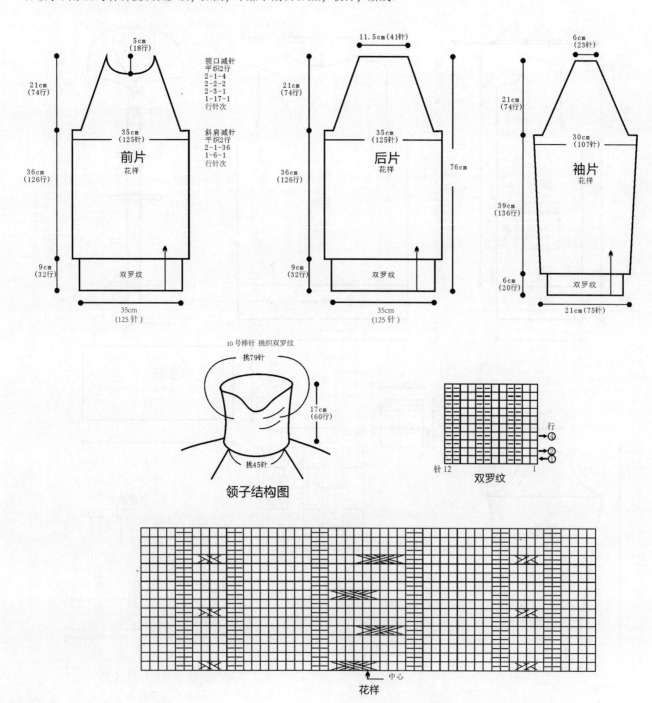

优雅黑色装

【成品尺寸】衣长 56cm　胸围 88cm　袖长 22cm
【工具】9 号棒针　10 号棒针　绣花针
【材料】黑色毛线 700g
【密度】10cm² : 20 针 ×25 行
【附件】黑色纽扣 5 枚

【制作过程】
1. 前片：用 10 号棒针起 66 针，从下往上织单罗纹 2cm 后，换 9 号棒针织下针 23cm，边织边收针，再织下针 10cm 开挂肩，按图解分别收袖窿和领子。用相同方法织另一片。
2. 后片：用 10 号棒针起 132 针，从下往上织单罗纹 2cm 后，换 9 号棒针按后片图解编织。
3. 袖片：用 10 号棒针起 58 针，从下往上织单罗纹 2cm 后，换 9 号棒针织花样，放针，织到 7cm 处按图解收袖山。
4. 将前后片、袖片、帽子缝合后按图解钉上纽扣。

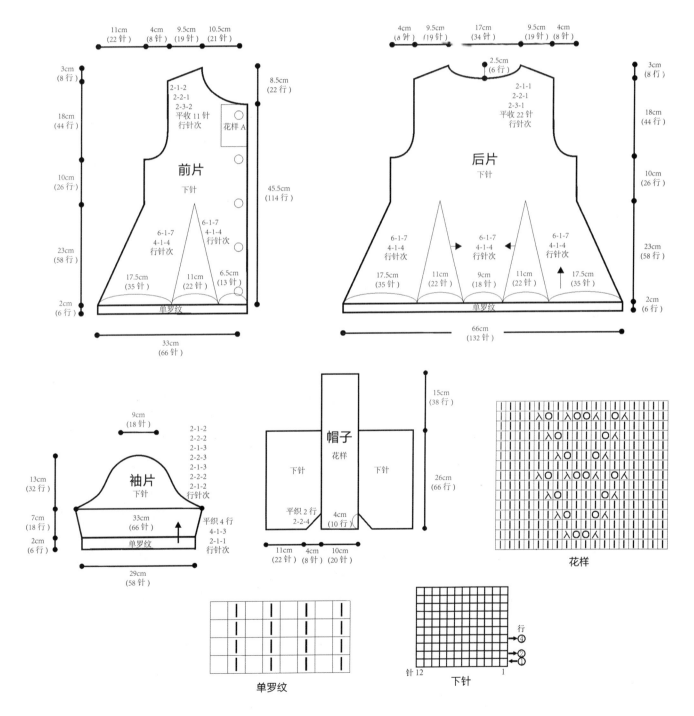

清爽拉链装

【成品尺寸】衣长 54cm　胸围 92cm　袖长 56cm
【工具】6 号棒针　7 号棒针　绣花针
【材料】米白色棉线 800g
【密度】10cm² : 16 针 ×24 行
【附件】拉链 1 条

【制作过程】
1. 前片: 用 7 号棒针起 36 针, 从下往上织 4cm 花样 A, 换 6 号棒针织 28cm 花样 B 后开挂肩, 按图解分别收袖窿、收领子。用相同织法织另一片。
2. 后片: 用 7 号棒针起 72 针, 从下往上织 4cm 花样 A, 换 6 号棒针按后片图解编织。
3. 袖片: 用 7 号棒针起 32 针, 从下往上织 4cm 花样 A, 换 6 号棒针织花样 B, 放针, 织到 39cm 处按图解收袖山。
4. 前后片、袖片缝合后按图解挑门襟, 织 2cm 花样 A 往里叠成两层, 收针, 缝上拉链。

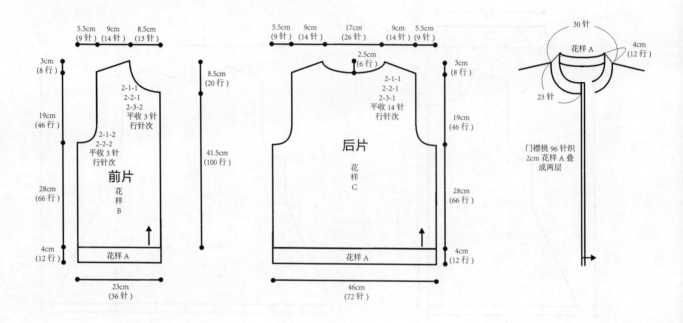

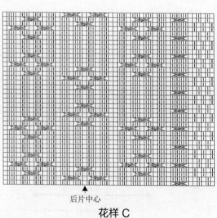

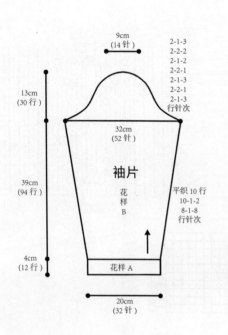

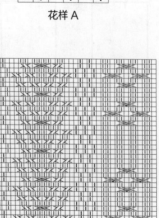

简约舒适装

【成品尺寸】衣长 75cm　胸围 80cm　袖长 42cm

【工具】10 号棒针

【材料】棕色棉线 500g

【密度】10cm² : 16 针 ×24 行

【制作过程】

1. 后片：起 64 针，织双罗纹，织 7cm 的高度后，改织下针，织至 31cm，两侧各平收 4 针，继续往上编织，织至 47cm，两侧按 4-1-6，6-1-6 的方法减针，后片共织 75cm 长，最后领口留下 32 针。

2. 前片：编织方法与后片一样。

3. 袖片：起 52 针，织双罗纹，织 5cm 的高度后，改织下针，袖片共织 42cm 的长度。袖底缝合时在袖山位置留起 2.5cm，分别与前后片袖窿缝合。

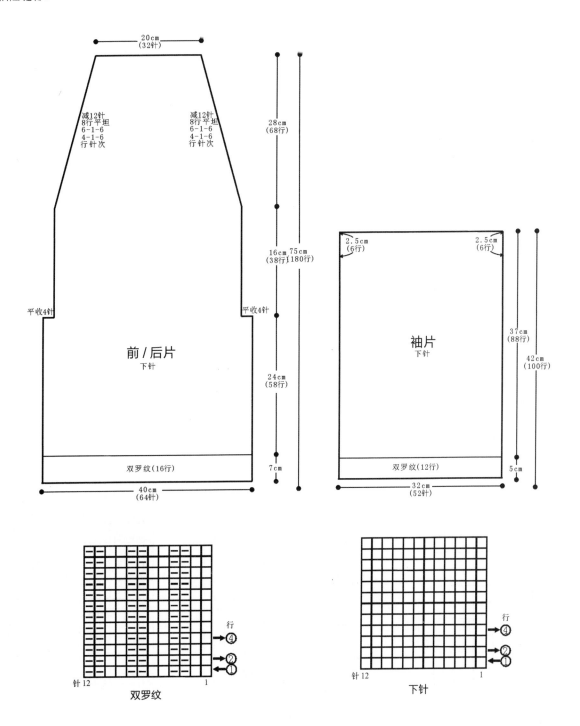

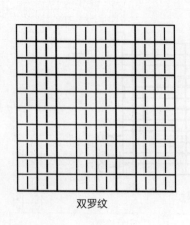

黑色气质衫

【成品尺寸】衣长 75cm　胸围 96cm　袖长 53cm
【工具】9 号棒针
【材料】深灰色羊毛线 500g
【密度】10cm² : 22 针 ×32 行

【制作过程】

1. 前片：按图示起 104 针，织 8cm 双罗纹后，改织花样，中间织全下针，同时侧缝按图示减针，织至 34cm 时加针，形成收腰，织 15cm 后留袖窿，在两边同时各平收 5 针，然后按图示收成袖窿，再织至 10cm 时，中间平收 40 针，两边继续编织至肩部，剩 22 针。

2. 后片：织法与前片一样，只是不用开领窝。

3. 袖片：按图起 56 针，织 8cm 双罗纹后，改织全下针，袖下加针，织至 34cm 时两边同时平收 5 针，并按图收成袖山，用同样方法编织另一袖。

4. 将前后片的肩部、侧缝、袖片分别缝合，完成。

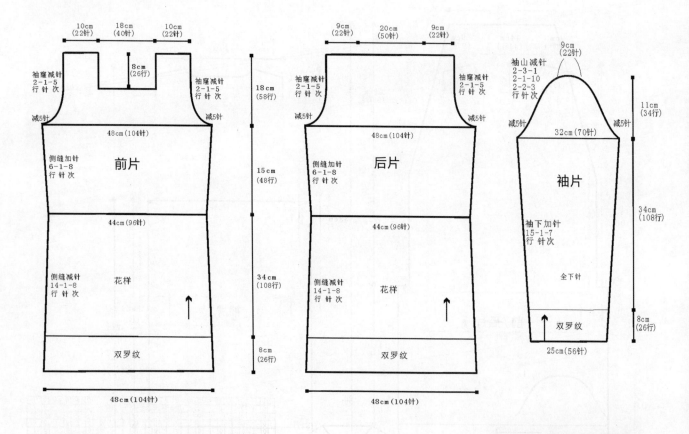

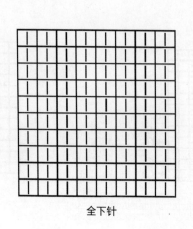

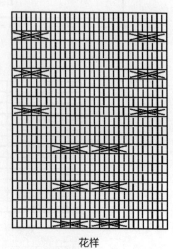

双罗纹　　　全下针　　　花样

V领修身毛衣

【成品尺寸】衣长 62cm　胸围 80cm　袖长 50cm
【工具】8 号棒针　9 号棒针
【材料】灰蓝色中粗毛线 700g
【密度】10cm² : 30 针 × 30 行

【制作过程】

1. 后片：用 9 号棒针起 119 针，织 7cm 扭针单罗纹后，换 8 号棒针编织花样，不加不减织 33cm 到腋下，然后按图进行袖窿减针，织到 20cm 时，采用引退针法进行斜肩减针，同时后领按图减针，肩留 27 针，待用。
2. 前片：织法与后片基本相同，只需要按图进行领口减针。
3. 袖片：用 9 号棒针起 54 针，织 5cm 扭针单罗纹后，换 8 号棒针编织花样，袖下按图加针，织 31cm 到腋下后，开始袖山减针，减针方法如图，减针完毕袖山形成，收针断线。
4. 合肩：将前后片反面下针缝合，分别合并侧缝线和袖下线，并缝合袖子。
5. 领：挑织扭针单罗纹，织 2cm。

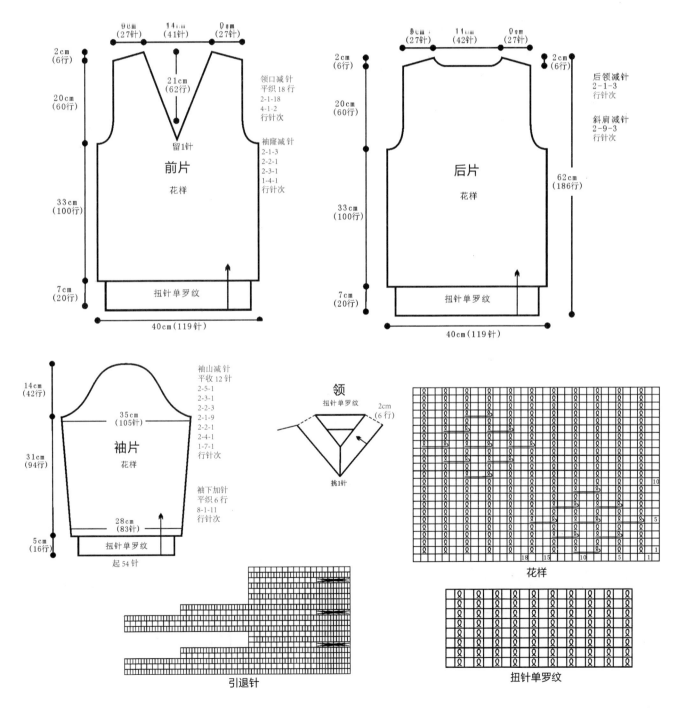

经典深色装

【成品尺寸】衣长 50cm　胸围 90cm　袖长 36cm
【工具】5 号棒针
【材料】咖啡色毛线 500g
【密度】$10cm^2$：18 针 ×26 行

【制作过程】

1. 前片：用 5 号棒针起 15 针，按图放针，织花样，织到 28cm 时开挂肩，按图收袖窿、收领子。
2. 后片：用 5 号棒针起 81 针织花样，按图编织。
3. 袖片：用 5 号棒针起 42 针，织花样，按图编织。
4. 将前后片、袖片缝合，织 3 针圆绳 40cm2 根，钉在前面两片上，用来连接前左右片。

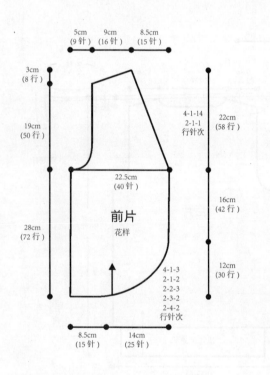

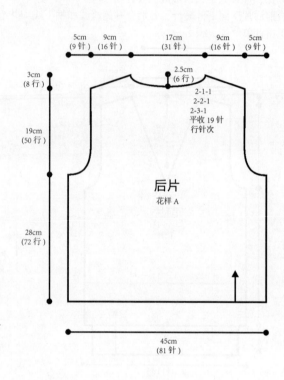

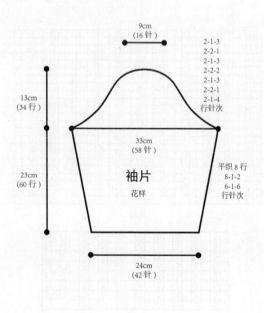

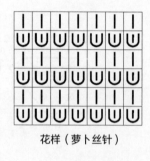

花样（萝卜丝针）

萝卜丝针的制作方法：

织 1 针正针，在左手上那针不要脱掉，把线绕到前面来，用左手勾住，形成一个圈，把线绕到针后面，在原来的那针上织 1 针正针，然后把前面织好的正针拨到后织的这一针上。

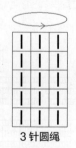

3 针圆绳

甜美小短装

【成品尺寸】衣长 54cm　胸围 88cm　袖长 52cm
【工具】9 号棒针　10 号棒针　绣花针
【材料】粉红色毛线 600g
【密度】$10cm^2$：24 针 ×36 行
【附件】纽扣 5 枚

【制作过程】
1. 前片：用 10 号棒针起 58 针，织单罗纹 4cm，换 9 号棒针织花样 A 和花样 B，按图解减针，收领。
2. 后片：用 10 号棒针起 105 针，织单罗纹 4cm，换 9 号棒针织 30cm 花样 A，按图收针。
3. 袖片：起 50 针，挂肩减针等按图编织。
4. 将前后片、衣袖缝合后，挑领钉纽扣。

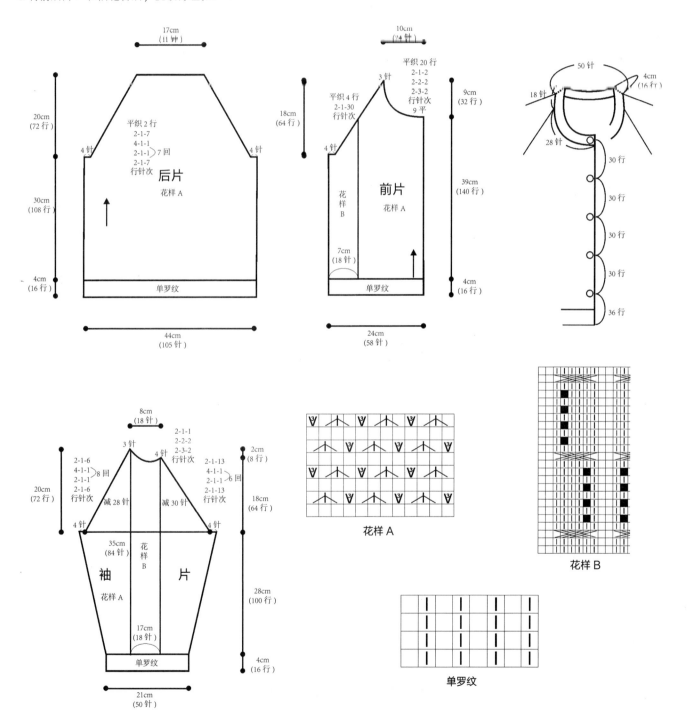

编织符号说明

符号	名称		符号	名称
上针	1针加3针	右上3针交叉	右上1针和左下2针交叉
下针	3针并1针	左上3针交叉	左上1针和右下2针交叉
空针	1针放2针	左上6针交叉	右上5针和左下5针交叉
拉针	2针并1针	左上1针交叉	右上3针和左下3针交叉
长针	1针放2针	右上1针交叉	1针扭针和1针上针右上交叉
扣眼	上针吊针	左上2针并1针	1针扭针和1针上针左上交叉
滑针	编织方向	右上2针并1针	右上3针中间1针交叉
锁针	空针浮针	3针2行节编织	1针下针中间左上2针交叉
浮针	右侧加针	右上3针并1针	2针下针和1针上针左上交叉
短针	左侧加针	中上3针并1针	2针下针和1针上针右上交叉
扭针	延伸上针	长针1针放2针	绕双线织下针,并把线套绕到正面
挑针	上针拨收	长针2针并1针	
辫子针	5针并1针 1针放5针	1针里加出5针	
穿左针	减1针加1针	长针3针枣形针	
延伸针	平加出3针	1针放3针的加针	
中长线	7针平收针	1针放5针的加针	
扭上针	右上2针交叉	上针左上2针并1针	
上拉针	卷3圈的卷针	长针1针中心交叉	
狗牙针	右上4针交叉	右上2针和左下1针交叉	
4行吊针			

184